新型农民现代农业技术与技能培训丛书

核桃园艺工培训教材

编著者
张美勇　徐　颖　许　林
田寿乐　徐永芳　王　兴

金盾出版社

内 容 提 要

本书是"新型农民现代农业技术与技能培训丛书"的一个分册，由山东省果树研究所的相关专家编著。内容包括：核桃园艺工的岗位职责与素质要求，核桃园艺工须具备的基础知识，核桃品种与砧木的选择，苗木培育与高接换种技术，建园技术，肥水管理技术，整形修剪，花果管理，病虫害防治与自然灾害的防御和果实采收及贮运。本教材适用于县(市)、乡(镇)和农业企业相关工种的岗位培训，亦可供广大青年农民及相关专业师生阅读参考。

图书在版编目(CIP)数据

核桃园艺工培训教材/张美勇等编著.—北京：金盾出版社，2008.3

(新型农民现代农业技术与技能培训丛书)

ISBN 978-7-5082-5012-0

Ⅰ.核… Ⅱ.张… Ⅲ.核桃-果树园艺-技术培训-教材

Ⅳ.S664.1

中国版本图书馆 CIP 数据核字(2008)第 002788 号

金盾出版社出版、总发行

北京太平路 5 号(地铁万寿路站往南)

邮政编码：100036 电话：68214039 83219215

传真：68276683 网址：www.jdcbs.cn

封面印刷：北京精美彩印有限公司

正文印刷：北京金星剑印刷有限公司

装订：桃园装订厂

各地新华书店经销

开本：850×1168 1/32 印张：5 字数：110 千字

2009 年 2 月第 1 版第 2 次印刷

印数：10001—22000 册 定价：9.00 元

序　言

中共中央国务院[2007] 1号文件明确指出，加强“三农”工作，积极发展现代农业，扎实推进社会主义新农村建设，是全面落实科学发展观、构建社会主义和谐社会的必然要求，是加快社会主义现代化建设的重大任务。

我国农业人口众多，发展现代农业、建设社会主义新农村，是一项伟大而艰巨的综合工程，不仅需要深化农村综合改革、加快建立投入保障机制、加强农业基础建设、加大科技支撑力度、健全现代农业产业体系和农村市场体系，而且必须注重培养新型农民，造就建设现代农业的人才队伍。

胡锦涛总书记在党的十七大报告中进一步指出，要培育有文化、懂技术、会经营的新型农民，发挥亿万农民建设新农村的主体作用。

新型农民是一支数以亿计的现代农业劳动大军，这支队伍的建立和壮大，只靠学校培养是远远不够的，主要应通过对广大青壮年农民进行现代农业技术与技能的培训来实现。金盾出版社在对农业岗位培训进行广泛调研的基础上，与中国农业大学老科技工作者协会、华中农业大学老教授协会等单位共同策划，约请数百名农业专家、学者参加，组织编写了“新型农民现代农业技术与技能培训丛书”(以下简称“丛书”)。“丛书”坚持从现阶段我国青壮年农民的文化技术水平出发，突出现代农业技术与技能的传授，注重其先进性和实用性；“丛书”以教材形式编写，共有88个分册，涉及81个农业岗位，除水稻农艺工、蔬菜园艺工、蔬菜植保员、果树植保员分南方本和北方本外，其他均为一个岗位一本培训教材，以方便县(市)、乡(镇)、村组织新型农民培训和农业企业进行岗位培训时选用。“丛书”的组编和出版，还得到了河北农业大学、沈阳农业大学、西北农林科技大学、甘肃农业大学、北京农学院、山东畜牧兽医职业技术学院、大连民族学院、中国农业科学院茶叶研究所、中国农业科学院油料研究所、中国农业科学院郑州果树研究所、中国农业科学院特产研究所、中国农业科学院桑蚕研究所、中国养蜂学会、内蒙古自治区农牧科学院、甘肃省蔬菜研究所、山东省果树研究所、广西壮族自治区柑桔研究所、山西省畜牧兽医研究所等单位部分专家、教授的支持和参与，并列入劳动和社会保障部《全国职业培训与技能鉴定用书目录》，进行推荐，使我们深感欣慰，在此表示衷心感谢。我们希望和相信，通过“丛书”的出版发行，能为新型农民队伍的发展壮大贡献一份力量，也能为现代农业技术与技能培训积累一些可供借鉴的经验。

“丛书”编写时间有限，各分册存在不足或错漏在所难免，恳请同仁和各使用单位批评指正。

编 委 会

2008 年 1 月

前　言

近年来，随着我国经济的不断发展，人们的生活水平有了大幅度提高。食品结构也发生了巨大变化，由于核桃独特的营养保健功能，人们对核桃的消费也不断增加。核桃产业也从以前的山区"四旁"转向了丘陵、平原的集约化生产，而且也由实生繁殖逐渐转为品种化生产。为了培育具有现代农业意识和农业技术的生产人员，使核桃生产者及时了解核桃发展的新动态，不断提高经济收入，我们将不断研究推出的核桃新品种、新技术以及生产的一些基础技术知识进行总结归纳，编写了此书，以供核桃园艺工作者参考学习。

本书以我国核桃生产的不断发展过程为基础，兼顾南北产区差异，广集资料，从核桃生产现状、种质资源、地理分布、品种选育、生物学特性、育苗建园、栽培技术、病虫害防治、采收加工等方面进行了较为全面的介绍，并力求材料详实，内容新颖，论述全面，在阐述理论知识的同时，着重讲述操作技能，突出实用性和先进性。本教材读者定位在具有初中以上文化程度的青年农民，通过培训或自学，能够初步具备适应现阶段先进农业生产岗位的业务和技术素质。限于水平和经验，错漏之处在所难免，敬请同行专家和广大读者批评指正。

编 著 者

2008 年 1 月

目　录

目　录

第一章　核桃园艺工的岗位职责与素质要求

一、岗位职责

第一，热爱核桃园艺工作，重视文化学习，扎实掌握核桃理论知识，理论与实践相结合，善于观察、总结和创新，刻苦钻研栽培知识，不断提高技能。

第二，爱护果树，要精细养护树木，保证其正常生长、结实。合理施肥、修剪，适时浇水、松土、锄草，力争优质高产。

第三，加强环境保护意识，做好病虫害防治工作，科学、有效地消灭病虫害，尽量减少农药对生态环境的影响。

第四，做好果实采收及采后处理工作，适时采收，科学脱青皮、漂洗和晾晒，保证坚果品质和产量。

第五，能够沉着应对突发事件，如火灾、洪水等，减少经济损失。

第六，爱护果园设施，节能减排，高效生产。

第七，做好果园安全保卫工作，看护好果树和生产工具，防止偷窃。并做好其他临时分配的工作。

第八，遵守果园有关规章制度，保证安全生产。

二、素质要求

（一）职业道德

在社会主义市场经济条件下，随着世界经济一体化的发展，核桃园艺工职业道德在继承和发扬传统优良美德的前提下，必须做到以下几点。

第一，爱岗敬业，尽职尽责。果树工要热爱自己的岗位，兢兢业业工作，踏踏实实做人。

第二，诚实守信，文明经营。在社会主义市场条件下，经营要讲信誉，讲道德，不做坑害消费者的事，不做有损行业形象的事，文明经商，合法收入。

第三，勤俭节约，高效生产，反对奢侈浪费，积极倡导节能减排，使用各种经济能源，降低生产成本，努力提高生产效率和产品效益。

第四，遵纪守法，提高法律意识，学习法律知识，遵守法律法规，自觉维护市场经济秩序，不搞非法经营，不违法乱纪。

第五，尊重知识，开拓进取。自觉学习专业知识，不断提高自身业务素质，学以致用，做学习型、开拓型典范。

（二）法律常识

第一，果树工的年龄必须在法定范围内；禁止未成年人作为劳动者就业，保障其接受义务教育的权利。

第二，果树工必须为具有劳动权利能力和劳动行为能力的公民，包括法定劳动年龄内能够参加劳动的残疾公民。

第三，劳动者必须有一定的报酬或经济收入，能够用以维持劳动者本人及其赡养一定家庭人口的基本生活需要。

第四，劳动者有选择自己职业的权利，用人单位也有选择劳动者的权利。

第五，劳动者必须与用人单位签订劳务合同，劳动合同是确立劳动关系的法律形式。

第六，劳动者必须遵守劳动合同规定的纪律。

第七，除合同上规定的条款外，劳动者可协商约定其他劳动内容。

(三)专业素质

第一,了解当地土壤、气候条件和生产水平;了解国内外生产特点和动态;对目前生产现状,尤其是国外生产现状有所了解;结合本国或当地生产实际,引进技术或资源,利用和再创新。

第二,了解经营管理核桃园的基本知识,能在不同的环境下,使核桃园丰产稳产、保证优质,能对果品生产和市场发展方向或趋势做出可靠预测。

第三,了解核桃树体生长发育规律和栽培技术原理。

第四,掌握当地主要栽培的核桃品种类型和技术要求,能够指导栽培者获得应有的经济效益。

第五,要熟练应用建园和苗木繁育知识,特别是嫁接技术,能够操作和指导劳动者付诸实施。

第六,掌握核桃正常成熟期,了解正确的脱皮方法和清洗、晾晒、贮藏技术。

第七,了解当地核桃病虫害发生情况,掌握正确的防治方法。

第八,掌握果园早实丰产栽培技术,初步掌握绿色无公害生产技术措施。

思 考 题

1. 核桃园艺工的岗位职责是什么?
2. 核桃园艺工应具备什么样的专业素质?

第二章 核桃园艺工须具备的基础知识

一、核桃的主产区分布

核桃在核桃属树种中经济价值最高，分布范围也最广。从水平分布看，世界各大洲均有自然分布或种植。亚洲主要分布在中国、印度、阿富汗、伊朗、土耳其、朝鲜、韩国、日本、乌兹别克斯坦、吉尔吉斯斯坦及土库曼斯坦等；欧洲从巴尔干半岛的希腊、保加利亚、捷克、斯洛伐克、匈牙利、波兰、奥地利、乌克兰，向北向西到德国、法国、意大利、瑞士、比利时及西班牙等，向东有俄罗斯、摩尔多瓦、格鲁吉亚、阿塞拜疆及亚美尼亚等国；北美洲主要分布在美国和墨西哥，南美洲的阿根廷也较多，巴西、智利的栽培面积较小。大洋洲的澳大利亚、新西兰均有核桃栽培，而非洲只有摩洛哥栽培核桃。

核桃是中国经济树种中分布最广泛的树种之一。核桃遍及中国南北，而铁核桃则主要分布在西南地区的云南、贵州及四川西部、西藏南部，中国栽培区主要为浅山丘陵区，而铁核桃主要分布在深山坡麓或沟箐部分。从分布性质看，除新疆伊犁哈萨克州和西藏吉隆等处有野生核桃林外，其他省、自治区的核桃都是经过多世代种植或引种栽培的人为分布，铁核桃种群主体中的野生铁核桃和用其做砧木嫁接改造成的泡核桃都是自然分布的。

（一）影响因素

根据实地考察和参阅文献资料，核桃分布区划主要依据地理—气候因素、核桃树体生物学特性和社会经济因素 3 个方面的条件。

1. 地理—气候因素　植物分布首先受气候环境影响，其次受土壤因素等的制约。任何树种的分布，都同时综合地受热量状况的纬度地带性和水分状况的经度地带性的影响。通过对多种因素（纬度、经度、海拔高度、年降水量、年平均气温、极端最低气温、年日照时数及无霜期）的主量分析，其中影响最大的因素是极端低温、纬度、无霜期、海拔高度和经度。前三者都是反映气温地带性的因素。

2. 核桃生物学特性　不同地区的核桃物候期有差异，不同地区同品种产量也有差异，这和品种的特征特性有密切关系，造成品质上的差异。

3. 社会经济因素　果用型核桃的生产必然受到经济规律的制约。由于其医疗保健价值高，产品销售价格稳定，管理省工，抗逆性强，耐贮藏运输，因此栽培面积比较稳定。随着人们生活水平的提高和对核桃营养保健价值的认识，核桃需求量逐年增加，必然影响到核桃分布区的变化。在经济杠杆的作用下，核桃种植业从以前交通条件较差的浅山丘陵地区逐渐转向发达的山区、平原和丘陵。

（二）划分原则

1. 地理条件　以地理气候为主要依据，尤其在大的地貌变化（海拔高度、大山南北麓等）影响到气候带和种群生长条件时，更应优先考虑。

2. 依据行政区域的完整性　核桃是适应性较广的树种，目前我国的行政区并不完全按照地理气候因素划分，否则会出现分散割裂的小块区域，造成实际应用中的不便。因而，对地形、气候差异不突出的地方，用划分亚区的办法解决，以尽量照顾行政区域的完整性。

3. 栽培规模 分布区必须具有一定的栽培规模和株数，只有少量栽培面积和引种试种的地区不划分区。

(三)我国核桃和铁核桃分布区

1. 东部沿海分布区

(1)冀、京、辽、津亚区 包括辽东半岛及辽西，河北丰宁县以南全部及京、津两市。主产区有冀东产区的卢龙、抚宁、昌黎、遵化等县；太行山东麓的涞水、易县、阜平、平山、赞皇、邢台、武安等县直到南部的涉县。北京各区、县都有核桃栽培，主要有平谷、密云、昌平产量较多；天津核桃产区以蓟县较多，该亚区垂直分布状况是从沿海各县海拔十几米到山区的1 000米左右。

(2)鲁、豫、皖北、苏北亚区 包括山东全境、河南豫西山区以东、安徽及江苏北部的核桃产区；山东核桃主要分布在泰、蒙山区的历城、长清、泰安、章丘、苍山、费县、益都及临朐等县；河南豫西山区以东的林州、登封、濮阳、辉县、柘城、罗山、商城等地栽培历史悠久；安徽地区核桃种植主要在亳州、涡阳、砀山、萧县等地；江苏北部主要以徐州铜山、邳县及连云港的云台山一带为主要栽培区，近年来种植面积锐减。

(3)豫西亚区 包括河南的济源、新安、宜阳、汝阳、鲁山、舞阳、信阳连线以西，为河南核桃主产区。

2. 西部分布区

(1)晋、陕、甘、青、宁亚区 包括山西全省、陕西秦岭以北、宁夏南部、甘肃武威以东、武都地区以北及青海东部的核桃产区。

陕西、山西为我国核桃重点产区，其株数和产量均居全国各亚区之首。主要栽培区是太行、吕梁及中条山系的浅山丘陵区。晋中地区的左权、昔阳县，临汾地区的古县、安泽县，晋东南的黎城、平顺，阳泉市的盂县和平定等县，坚果产量每年都较高。

秦岭北麓的长安、户县、眉县及宝鸡市的沿山部分栽培较多，渭北的黄龙、陇县、宜君、宜川、千阳、麟游、凤县等老产区是陕西秦岭以北的主产区。

甘肃的核桃栽培以陇南产区和天水地区较多，近年仍有发展。陇东产区以宁县、镇原、华亭、灵台及崇信栽培较为集中。河西走廊的武威地区核桃较多。

青海省的核桃主要分布在黄河和湟水河谷及其支流的黄土丘陵沟壑区，以民和、循化两县较多。

(2)陕南、甘南亚区　包括甘肃省南部的武都地区和秦岭以南的汉中、安康及商洛地区。秦巴山区是陕西省和全国著名的核桃重点产区，分布广、产量高、种质资源丰富。陕西核桃主产县有洛南、山阳、镇安、丹凤、宁强、商县、勉县等。秦巴山区的核桃多种植在半高山或浅山丘陵的坡麓耕地边埂或“四旁”，垂直分布在海拔600～2 200 米范围。

3. 新疆分布区　新疆的核桃虽然栽培数量较少，但其分布却较有特色。如中国最西分布县（东经 75°的塔什库尔干），最北分布县（北纬 45°的博乐），垂直分布最低点（吐鲁番盆地的布拉克村）以及全国少有的野生核桃林，均在新疆境内，本区分为两个亚区。

(1)南疆亚区　南疆核桃占自治区的绝大多数，基本上种植在塔里木盆地周围的绿洲区。主要产区有和田、叶城、库车、阿克苏、乌什及莎车等县。本区核桃主要分布在可灌溉的农耕地上，可同作物间作。

(2)北疆亚区　包括天山北麓、准噶尔盆地西南及天山东端的吐鲁番等几个核桃产区。

北疆亚区的核桃只占全疆的 3%左右，以伊宁、霍城、新源三县数量最多。人工栽培的多垂直分布在海拔 600～1 200 米，唯吐鲁番盆地在海拔 30 米以下的布拉克村有核桃种植，是本亚区的一大特点。另一重要特点是保存着国内罕见的野生核桃林。霍城的大西沟、小西沟半阴坡上仍有野生核桃树，其分布高度为海拔1 550～1 590米。巩留县的野生核桃林集中分布在海拔1 300～1 500米。

4. 华中、华南分布区

(1)鄂、湘亚区　包括湖北全省、湖南北部及西部。

(2)桂中、桂西亚区　包括广西壮族自治区的忻城、都安、河池等桂中部分，以及靖西、那坡、田林、隆林等桂西核桃产区。

5. 西南分布区

(1)滇、黔、川西亚区　包括云南、贵州两省及四川西部核桃产区。

云南核桃分布极其广泛，全省各县均有核桃栽培和分布。主产区为大理的漾濞、永平、云龙，楚雄的大姚、南华和楚雄市，保山地区的昌宁、保山、施甸及昭通地区的昭通、永善、鲁甸等县。

贵州虽引种过核桃，但栽培的绝大多数是铁核桃。全省90%的地区有核桃栽培或分布。垂直分布在海拔400～2 700米范围，但以海拔1 000～1 500米的山区、丘陵分布最多。

四川西部以铁核桃为主。核桃同铁核桃在川西的分界线，北部以岷江为界，中部是大小相岭及横亘的峨眉山为界，南部以雅砻江中下游为界。界线以西、以北为铁核桃(仅有少量核桃)。巴塘、西昌、九龙、盐源、德昌、会理、米易、盐边、高县、筠连、叙永、古蔺等地为铁核桃分布区。

(2)川东亚区　包括四川的南坪、茂汶、理县、马尔康、金川、丹巴、康定、泸定、峨边、马边、雷波连线以东广大核桃产区。

该区气候适宜，海拔2 800米以下的山区均有核桃种植。主要栽培区在米仓山、大巴山南麓的平武、安县、江油、青川及剑阁等地。大渡河上中游河谷深峡的丹巴、泸定、康定和中下游浅山区的汉源、峨边、马边等县以及重庆市的城口、巫溪、奉节等县的核桃，多种植在海拔1 000～2 500米范围的黄壤坡麓上。四川盆地和盆中丘陵区则多在庭院或“四旁”零星种植。

6. 西藏分布区　西藏自治区兼有核桃和铁核桃种植和分布。核桃多数种植在藏南谷地和藏东高山峡谷区的农耕地上，是当地主要经济树种。铁核桃均为实生野生种，天然分布于自治区南部或靠近国界边缘。

(1)藏南亚区　包括雅鲁藏布江沿岸自日喀则至林芝的核桃产区(含拉萨河流域的曲水等地)，是本分布区的核桃主产区。核桃栽培区沿雅鲁藏布江流域，以加查、郎县栽培最多，日喀则以西的拉孜、吉隆等县都是零星分布或种植。藏南亚区的核桃均栽培在可灌溉的农田或“四旁”。以海拔3 500米以下生长、结实较好。

(2)藏东亚区　主要包括横断山脉和西部、北部的若干核桃种植县。以波密、芒康、左贡等地的株数和产量最多。适宜生长范围主要在海拔3 200米以下。

二、主要形态特征

核桃属(*Juglans*)植物属于被子植物门双子叶植物纲胡桃科(*Juglandaceae*)。本属植物为落叶乔木。

《中国核桃》(1992)一书中记述我国现有核桃属植物有3组8种，即：

核桃组：核桃(*J. regia* L.)
　　　　铁核桃(*J. sigillata* Dode)
核桃楸组：核桃楸(*J. mandshurica* Max)
　　　　河北核桃(*J. hoperiensis* Hu)
　　　　野核桃(*J. cathayensis* Dode)
　　　　心形核桃(姬核桃)(*J. cordiformis* Max.)
　　　　吉宝核桃(鬼核桃)(*J. sieboldiana* Max.)
黑核桃组：黑核桃(*J. nigra* L.)

(一)核　桃

又名胡桃，是国内外栽培比较广泛的一种。落叶乔木。树冠大，呈伞状半圆形或圆头状。树干皮灰白色、光滑，老时变暗有浅纵裂。枝条粗壮、光滑，新枝绿褐色，具白色皮孔。奇数羽状复叶、互生，复叶叶柄圆形，基部肥大有腺点；小叶长圆形，倒卵形或广椭圆形，具短柄，先端微突尖，基部心形或扁圆形，叶缘全缘或具微锯齿。果实为核果，圆形或长圆形，果皮肉质，表面光滑或具柔毛，绿色，有稀密不等的黄色斑点，果皮内有种子 1 枚，外种皮骨质称为果壳，表面具刻沟或皱纹。种仁呈脑状，被黄白色或黄褐色的薄种皮，其上有脉络。

(二)铁核桃

又叫泡核桃，落叶乔木。树干皮灰褐色，老时皮灰褐色，有纵裂。新枝浅绿色或绿褐色、光滑，具白色皮孔。奇数羽状复叶，顶叶较小或退化，小叶椭圆披针形，基部斜形，先端渐小，叶缘全缘或微锯齿，表面绿色光滑，背面浅绿色。果实圆形黄绿色，表面被柔毛，果皮内有种子 1 枚，表面具刻点状，果壳有厚薄之分。内种皮极薄，呈浅棕色，有脉络。

(三)野核桃

落叶乔木或小乔木，由于其生长环境的不同，树高不等。树冠广圆形，小枝有腺毛。奇数羽状复叶，小叶卵状或倒卵状矩圆形，基部扁圆形或心脏形，先端渐尖。叶缘细锯齿，表面暗绿色，有稀疏的柔毛，背面浅绿色，密生腺毛，中脉与叶柄具腺毛。果实卵圆形，先端急尖，表面黄绿色，有腺毛。种子卵圆形，种壳坚厚，有6～8 条棱骨，内隔壁骨质，内种皮黄褐色极薄，脉络不明显。

（四）核桃楸

又名山核桃、落叶乔木。高达20米以上。树冠长圆形，树皮灰色或暗灰色，幼时光滑，老叶有浅纵裂，小枝灰色粗壮，有腺毛，皮孔白色隆起。芽三角形，顶芽肥大、侧芽小，被黄褐色柔毛。奇数羽状复叶互生，叶总柄有褐色腺毛；小叶长圆形或卵状长圆形，基部扁圆形，先端渐尖，边缘细锯齿，表面初时有毛，后光滑，背面密生短柔毛。果实卵形或卵圆形，先端尖，果皮表面有腺毛，成熟时不开裂。坚果长圆形，先端尖，表面有6～8条棱脊，壳和内隔壁坚厚，内种皮暗黄色很薄。

（五）麻核桃

又名河北核桃。落叶乔木。树干皮灰色、光滑，老时有浅纵裂。小枝灰褐色粗壮光滑。奇数羽状复叶，小叶长圆形或椭圆形，先端渐尖，边缘全缘或微锯齿，表面深绿色光滑，背面灰绿色，疏生短柔毛，果实长圆形，微有毛或光滑，浅绿色，先端突尖，有棱线，缝合线隆起，壳坚厚不易开裂，内隔壁发达骨质，种仁难取。该种是核桃和核桃楸的天然杂交种。

（六）吉宝核桃

又名鬼核桃、日本核桃，原产于日本。落叶乔木，树干皮灰褐色或暗灰色，有浅纵裂，小枝黄褐色，密生细腺毛，皮孔白色长圆形微隆起。芽三角形，顶芽大，侧芽小，其上密生短柔毛。奇数羽状复叶，小叶长椭圆形，基部斜形，先端渐尖，边缘微锯齿。叶总柄密生腺毛，小叶无柄。果实长圆形，先端突尖，绿色，密生腺毛。坚果有8条明显的棱脊，两条棱脊之间有刻点，壳坚厚，内隔壁骨质。种仁难取。

（七）心形核桃

该种原于日本，又名姬核桃。此种与吉宝核桃在形态上比较相似，其主要区别在果实。果实扁心形，较小，坚果扁心形，光滑，先端突尖，缝合线两侧较窄，其宽度相当于缝合线两侧的1/2。非缝合线两侧的中间各有1条纵凹沟。坚果壳虽坚厚，但无内隔壁，缝合线处易开裂，可取整仁，出仁率30%～36%。可作为果材兼用树种在我国北方栽培。

（八）黑核桃

该种原产于北美，落叶乔木，树高可达30米以上，树冠圆形或圆柱形。树皮暗褐色或灰褐色，纵裂深。小枝灰褐色或暗灰色，具短柔毛。顶芽阔三角形，侧芽三角形较小。奇数羽状复叶，小叶卵状披针形，基部扁圆形，先端渐尖，边缘有不规则的锯齿，表面微有短柔毛或光滑，背面有腺毛。果实圆球形，浅绿色，表面有小突起，被柔毛。坚果为圆形稍扁，先端微尖，壳面有不规则的深刻沟，壳坚厚，难开裂。

三、生长物候期

核桃年生育周期中的物候期，因栽培地区、品种和类型及年度气候变化而有差异。尤其是积温，是影响物候期的主要因子。一般在日平均气温3℃以上开始活动，以5天滑动日平均气温稳定在3℃作为活动积温起点，以1月1日作为天数起点，核桃各物候期开始日的平均活动积温分别为萌芽51.8℃，展叶329.2℃，开花388.6℃，果实成熟3 548℃，落叶4 468.2℃。活动期平均天数231天，休眠平均天数134天，绿色树冠期204天，开花至果实成熟126天左右。

四、生态环境条件

核桃属植物对自然条件有很强的适应能力。而核桃栽培业对适生条件却有比较严格的要求，并因此形成若干核桃主产区。在不适合的生态条件时，虽能生存但往往生长不良，产量低以及坚果品质差等，失去栽培意义。我国核桃主产区的气候条件虽有不同但大体相近；铁核桃产区的年平均气温和降水量均较高，反映出两个核桃种对生态条件有着不同的要求。

（一）温　度

核桃是喜温的树种。通常认为核桃苗木或大树适宜生长年在平均气温为 8℃～15℃，极端最低温度不低于－30℃，极端最高温度 38℃以下，无霜期 150 天以上的地区。幼龄树在－20℃条件下出现“抽条”或冻死；成年树虽能耐－30℃低温，但在低于－28℃的地区，枝条、雄花芽及叶芽受冻。核桃展叶后，如遇－2℃～－4℃低温，新梢会受到冻害；花期和幼果期气温降到－1℃～－2℃时则受冻减产。生长温度超过 38℃时，果实易被灼伤，以致核仁不能发育。铁核桃适合亚热带气候，要求年均温 16℃左右，最冷月平均气温 4℃～10℃，如气温过低，则难以越冬。

（二）光　照

核桃是喜光树种，进入结果期后更需要充足的光照，全年日照量不应少于 2 000 小时，如低于 1 000 小时，则影响核壳、核仁发育，结果不良，降低坚果品质。生长期日照时间长短对核桃的发育至关重要。日照时数多，核桃产量高，品质好；郁闭状态下的核桃园一般结实差、产量低，只有边缘树结实好。

（三）水　分

核桃不同的种对水分条件的要求有较大差异。铁核桃喜欢较湿润的条件，其栽培主产区年降水量为800～1 200毫米；核桃在降水量500～700毫米的地区，要做好水土保持工程，不灌溉也可基本上满足要求。而原产新疆地区降水量低于100毫米的核桃，引种到湿润地区和半湿润地区，则易感病害。

核桃能耐较干燥的空气，而对土壤水分状况却较敏感，土壤过干或过湿都不利于核桃生长发育。长期晴朗、干燥，日照充足和昼夜温差较大的条件，有利于促进开花结果。土壤干旱有碍根系吸收和地上部枝叶的水分蒸腾作用，影响生理代谢，甚至提早落叶；幼壮树遇前期干旱和后期多雨易引起徒长，导致越冬后抽条干梢；土壤水分过多，通气不良，会使根系生理功能减弱而生长不良，核桃园的地下水位应在地表2米以下。在坡地上栽植核桃必须修筑梯田撩壕等，做好水土保持工作并及时排除积水。

（四）地形及土壤

地形和海拔不同，小气候各异。核桃适宜于坡度平缓、土层深厚而湿润、背风向阳的栽培环境条件。种植在阴坡，尤其坡度过大和迎风坡上，往往生长不良，产量很低，甚至成为“小老树”，坡位以中下部为宜。同一地区，海拔高度对核桃的生长和产量也有一定影响。

核桃根系发达，入土深，属于深根树种，土层厚度在1米以上时生长良好，土层过薄影响树体发育，容易“焦梢”，且不能正常结果。核桃喜土质疏松，排水良好的园地。在地下水位过高和质地黏重的土壤上生长不良。

核桃在含钙的微碱性土壤上生长良好，适宜土壤pH值为6.2～8.2，最适pH 6.4～7.2。土壤含盐量宜在0.25%以下，稍有超过即影响生长和产量，含盐量过高会导致植株死亡，氯酸盐比硫酸盐危害更大。

核桃喜肥，适当增加土壤有机质有利于提高产量。

(五)风

风也是影响核桃生长发育的因素之一，但常容易被忽视。适宜的风量、风速有利于授粉，增加产量，但核桃的抗风力较弱。由于其1年生枝髓心较大，在冬、春季多风地区，生长在迎风坡面的树易抽条、干梢，影响树体发育和开花结实，栽培中应加以注意，最好建防风林。

思考题

1. 我国核桃有几个分布区？各含几个亚区？
2. 核桃的主要形态特征有哪些？
3. 核桃属植物有哪几个种？
4. 核桃适宜的生态环境是什么？

第三章　核桃品种与砧木的选择

一、优良品种的标准

优良品种应在丰产、优质的基础上，能降低管理成本，适应生产和消费的需要，如抗性（病、虫、寒、土壤盐碱、瘠薄等）好，核仁品质（耐贮性、蛋白质含量、脂肪含量、矿质营养、风味等）优良，材质好等，有更高的效益。优良品种是由核桃的生物学特性决定的。

（一）幼龄期短，开始结果较早

对于多年生果树来说，缩短幼龄期是提高经济效益的重要方面之一。我国各地从前栽培的核桃大多为晚实核桃，通常 8～10 年开始结果。从 20 世纪 50 年代开始，在各地进行果树资源调查，选择结果早的资源。首先，在陕西扶风发现隔年核桃，即播种后第二年开始结果。后来，又在新疆发现早实核桃。从 60 年代开始，各地相继开始引种和栽培早实核桃。由于早实核桃结果早，经济效益高，产量也高。各地科研人员以结果早的核桃作为优良品种的重要特性进行选种育种，已选育出十几个具早实性状的品种。

（二）分枝能力强

分枝能力强是不断扩大树冠和增加产量的基础。早实核桃的早期大量分枝是区别于晚实核桃的主要生物学特性之一。早实核桃从第二年就开始分枝，其发枝率 30%～43%，单株分枝量最多达 18 个；2 年生晚实核桃分枝率只有 6.5%，其余只有顶芽抽生 1 个延长枝。4 年生早实核桃平均分枝数 32 个左右，最多的达 95

个；而晚实核桃平均分枝6个左右，最多9个。

二次分枝是早实核桃区别于晚实核桃的又一特性。所谓二次分枝是指春季一次枝生长封顶以后，由近顶部1～3个芽再次抽生新枝；而晚实核桃1年只抽生1次枝。

（三）坚果经济性状好

经济性状主要指坚果的品质和产量。

坚果品质是衡量核桃品种优劣的主要条件之一。通常包括：坚果大小、形状、外部特征、壳皮厚薄、取仁难易、种仁饱满度、出仁率高低、种仁风味、内种皮颜色、脉络、核仁含油量、耐贮运程度等方面。

坚果果形端正，中等大小，壳面光滑、色泽浅亮为优良。当带壳销售时，缝合线紧而平，耐漂洗也是优点之一。仁用品种的核壳厚度以及内褶壁质地也是影响品质的方面。优良品种的壳厚应在1.3毫米左右，内隔膜延伸较窄且为纸质，内褶壁不发达或退化。核仁充实、饱满、乳黄或浅琥珀色。出仁率50%～60%为好，出仁率过高，往往壳薄或核仁过于充实，紧贴核壳，易砸碎核仁。因此，核仁与壳之间应有一定空隙，这在机械加工取仁时尤为重要。根据国外研究资料表明，实生苗繁殖的后代，其坚果大小、壳皮颜色及形状等方面变化明显而不稳定；但坚果皮的厚薄和出仁率以及取仁难易等方面则是相对稳定的。

坚果产量的高低，除受当地条件和栽培管理技术制约外，不同品种间往往差异较大。这种差异是由核桃品种的内在因素，即生长与开花结实特性决定的，受遗传性制约。产量的构成因素主要包括结果母枝数，侧生果枝率，坐果率，坚果单果重等。具有丰产特性的品种，结果母枝上混合芽数量多，发芽率也高，特别是侧生花芽率高是重要的丰产性状。

（四）适应性好

1. 耐寒性　指核桃品种在生命周期和年周期中，适应或抵御0℃以下低温和早春晚霜的能力。有的品种春季开花较早，常受晚霜危害而造成大量减产；而有的开花较晚，能够避开晚霜危害。有的品种当气温降到－2℃以下即发生冻害，而有的在－25℃，甚至－30℃的低温条件下仍能安全越冬。

2. 抗风　指核桃品种抵御大风的能力。大风可以造成核桃果实大量脱落，特别是果实硬核以后，有的品种遇到8级以上的大风，常造成大量果实脱落；而有的品种遇到11级以上的风也很少脱落。果实大、果柄长的品种落果严重；果实较小而且果柄较短的品种落果少，甚至不落果，抗风能力强。

3. 抗病性强　指核桃品种对主要核桃病害的免疫力。我国各地危害核桃严重的病害主要是细菌性黑斑病和炭疽病，常造成果实的大量霉烂而减产甚至绝收。因此，选择优良品种，抗病性是很重要的。

二、优良品种介绍

（一）早实核桃品种

1. 岱香　1992年山东省果树研究所用早实核桃品种辽核1号做母本，香玲为父本，进行人工杂交而获得，2003年通过山东省林木良种审定委员会审定并命名。

坚果圆形，浅黄色，果基圆，果顶微尖。壳面较光滑，缝合线紧密，稍凸，不易开裂，内褶壁膜质，纵隔不发达。壳厚1毫米。单果重13.9克，出仁率58.9%，易取整仁。内种皮颜色浅，核仁饱满，黄色，香味浓，无涩味；坚果综合品质优良。

其树姿开张，树冠圆头形。树势强健，树冠密集紧凑。侧花芽比率95%，多双果和三果。嫁接苗定植后，第一年开花，翌年开始结果，正常管理条件下坐果率为70%。品种对比和区域试验表明，其适应性广，早实、丰产、优质。在土层深厚的平原地，树体生长快，产量高，坚果大。

2. 岱辉　从早实核桃香玲实生后代中选出，1993年定为优系，2003年通过山东省林木良种审定委员会审定并命名。

坚果圆形，壳面光滑，缝合线紧而平；单果重13.5克，出仁率58.5%，可取整仁，壳厚0.9毫米；核仁饱满，味香不涩，品质优良。

树势强健，树冠密集紧凑。坐果率为77%。侧花芽比率96.2%，多双果和三果。嫁接苗定植后，第一年开花，翌年开始结果。可用鲁丰、中林5号等雌先型品种作为授粉品种。在土层深厚的平原地，产量高，坚果大，核仁饱满，好果率在95%以上。

3. 香玲　山东省果树研究所人工杂交育成的早实品种。坚果卵圆形，单果重13.2克。壳面光滑，壳厚0.9毫米左右，可取整仁，出仁率65.4%，核仁颜色浅，香而不涩。

树势较旺，分枝力强，侧生混合芽比率85.7%，嫁接后第二年开始结果。果实8月下旬成熟，10月下旬落叶。该品种适应性较强，较丰产，易嫁接繁殖，宜带壳销售。适宜在山区、平原土层深厚的地区栽培。

4. 丰辉　山东省果树研究所人工杂交育成，属早实品种，坚果长圆形，单果重12.2克左右。壳面刻沟较浅，较光滑，浅黄色；缝合线窄而平，结合紧密，壳厚0.9毫米左右。易取整仁，核仁充实、饱满，出仁率66.2%，味香而不涩。

树势中庸，分枝力较强，侧生混合芽比率为88.9%。嫁接后第二年结果，坐果率70%左右。该品种适应性较强，早期产量高，果实宜带壳销售。适宜在土层深厚、有灌溉条件的地区栽植。

5. 鲁光　山东省果树研究所人工杂交育成，属早实品种。坚果近圆形，果基圆，果顶微尖。单果重16.7克，壳面沟浅、光滑，缝合线窄而平、紧密，壳厚0.9毫米左右，易取整仁。核仁充实饱满，出仁率59.1%，产量较高，大、小年不明显。

树姿开张，树冠呈半圆形。分枝力较强，侧生混合芽比率80.76%，嫁接后第二年结果，坐果率65%左右。该品种早期生长势强，产量中等，盛果期产量较高。果实宜带壳销售，适宜在土层深厚的山区丘陵地区栽培。

6. 鲁丰 山东省果树研究所人工杂交育成，早实品种。坚果近圆形，果顶稍尖，单果重13克。壳面多浅坑沟，缝合线窄、稍隆起，结合紧密，壳厚1毫米。可取整仁。核仁充实饱满、颜色浅。出仁率62%，味香甜，无涩味。

树姿直立，树势中庸，树冠呈半圆形，发枝力较强，侧生混合芽比率为86%，坐果率80%。坚果8月下旬成熟，10月下旬落叶。该品种丰产性强，雄花少。适宜在土层深厚的山区丘陵地栽培。

7. 鲁香 由山东省果树研究所人工杂交育成的早实品种。坚果倒卵圆形，单果重12克。壳面多浅沟，较光滑；缝合线窄而平，结合紧密，壳厚1.1毫米。可取整仁，出仁率66.5%，核仁色浅，有奶油香味，无涩味，品质上等。

树势中等，树冠半圆形，分枝力强，侧生花芽比率86%，嫁接后第二年开始结果，该品种核仁质优，较丰产，嫁接成活率较高，适宜在土层深厚的地区发展。

8. 岱丰 山东省果树研究所实生选种育成，早实品种。2000年通过山东省农作物品种审定委员会审定并命名。

坚果长椭圆形，平均单果重量14.5克，壳面较光滑，缝合线较平，结合紧密。壳厚约1毫米，可取整仁，出仁率58.5%。核仁充实、饱满、色浅、味香无涩味。树势中庸，分枝力强，侧生花芽比率为81%，大小年不明显。

9. 鲁核1号 山东省果树研究所实生选种育成，早实品种，果材兼用型。

坚果圆锥形，浅黄色，果顶尖，果基平圆。壳面光滑，缝合线稍凸，结合紧密，不易开裂，壳有一定的强度，耐清洗、漂白及运输。单果重 13.2 克；壳厚 1.2 毫米，可取整仁，出仁率 55%，内种皮浅黄色，无涩味，核仁饱满，有香味。

树姿直立，生长快，幼龄树 3 年生干径年平均生长 2.3 厘米，树高年平均生长 2.5 米；以中长果枝结果为主，丰产潜力大，稳产性强。雄先型，8 月下旬果实成熟，11 月上旬落叶。

10. 鲁果 2 号　山东省果树研究所选育，2007 年通过山东省林木良种审定委员会审定。坚果单果重 14.5 克，柱形，顶部圆形，基部一边微隆，一边平圆；壳面较光滑，有浅纵纹；淡黄色；缝合线紧、平，壳厚 0.8～1 毫米，易取整仁，出仁率 59.6%。核仁饱满，色浅味香。

树势强，生长快。嫁接苗定植后第二年开花，第三年结果，高接树第二年结果。母枝分枝力强，坐果率 68.7%，侧花芽比率 73.6%，多双果和三果，以中长果枝结果为主，丰产潜力大，稳产性强。但生长前期旺盛，产量较低，随树龄增大产量增高，生长减慢，丰产潜力大。高接树 6～8 年进入丰产期。

11. 鲁果 3 号　山东省果树研究所选育，2007 年通过山东省林木良种审定委员会审定。坚果单果重 11.5 克，圆形，浅黄色，果基圆，果顶平圆。壳面较光滑，缝合线边缘有麻壳；缝合线紧密，稍凸，不易开裂。内褶壁膜质，纵隔不发达。壳厚 0.8 毫米。内种皮浅，易取整仁，核仁饱满，浅黄色，香味浓，无涩味；出仁率 64%，坚果综合品质上等。

树势较强，树冠开张。幼树期生长旺盛，新梢粗壮。髓心小，随树龄增加树势缓和，枝条粗壮，萌芽力、成枝力强，分枝力强。嫁接苗定植后，第一年开花，第二年开始结果，坐果率为 70%。侧花芽比率 87%，多三果和四果。

12. 鲁果 4 号 山东省果树研究所选育，2007 年通过山东省林木良种审定委员会审定。坚果卵圆形，平均单果重 17.5g，壳面较光滑，缝合线紧、稍凸起，不易开裂。壳厚 1.1 毫米，可取整仁，出仁率 55.21%。内褶壁膜质，纵隔不发达。内种皮颜色浅，核仁饱满，色浅味香。

树势强健，树冠长圆头形。幼树期生长旺盛，新梢粗壮，髓心小，随树龄增加，树势缓和，枝条粗壮，萌芽力、成枝力强。嫁接苗定植后，第一年开花，第二年开始结果，雄先型。正常管理条件下坐果率为 70%。侧花芽比率 85%，多双果和三果。结果母枝抽生的果枝多为中长果枝，果枝率高达 81.2%。

13. 鲁果 5 号 山东省果树研究所选育，2007 年通过山东省林木良种审定委员会审定。坚果卵圆形，平均单果重 17.2g，壳面较光滑，缝合线紧平，壳厚 1 毫米，可取整仁，出仁率 55.36%。核仁饱满，色浅味香，坚果品质上等。果实大。

树势强健，树冠开张。幼树期生长旺盛，新梢粗壮。髓心小，随树龄增加，树势缓和，枝条粗壮，萌芽力、成枝力强，分枝力强，抽生强壮枝多，混合芽大而多，连续结果能力强。雄花芽少，多年生枝不光秃，是该品种丰产、稳产的突出优良性状。

嫁接苗定植后，第一年开花，第二年开始结果，坐果率为 87%。侧花芽比率 96.2%，多双果和三果。结果母枝抽生的果枝多，果枝率高达 92.3%。

14. 辽核 1 号 由辽宁省经济林研究所人工杂交育成，早实品种。坚果圆形，果基平或圆，单果重 9.4 克，壳面较光滑，缝合线微隆起，结合紧密，壳厚 0.9 毫米。可取整仁，出仁率 59.6%，核仁黄白色，味香，充实饱满。

该树分枝力强，侧生混合芽比率 90%以上。嫁接后第二年结果。

15. 辽核 6 号 由辽宁省经济林研究所人工杂交育成，早实品种。

坚果椭圆形，果基圆形，顶部略细、微尖，单果重 12.4 克。壳面粗糙，颜色较深，为红褐色，缝合线平或微隆起，结合紧密，壳厚 1 毫米左右。内褶壁膜质，横隔窄或退化，可取整仁。出仁率 58.9%，核仁充实饱满，黄褐色。

树势较强，树姿半开张，分枝力强。坐果率 60%以上，多双果，丰产性强，大小年不明显，嫁接后第二年结果。较抗病、耐寒。适宜在我国北方核桃栽培区种植。

16. 中林 1 号　由中国林业科学研究院林业研究所杂交育成，早实品种。果基圆，果面扁圆，单果重 14 克，壳面粗糙，缝合线中宽凸起，结合紧密，壳厚 1 毫米，可取整仁或 1/2 仁，出仁率 54%，核仁饱满，浅色至中色，味香不涩。

树势较强，分枝力强，侧生混合芽比率 90%以上，嫁接后第二年结果。该品种生长势较强，生长迅速，丰产潜力大，较易嫁接繁殖。坚果品质中等，适应能力较强。可在华北、华中及西北地区栽培。

17. 新早丰　由新疆林业研究所从新疆温宿县土木秀克乡选出，早实品种。坚果椭圆形，果基圆，果顶渐小突尖，单果重 13 克。壳面光滑，缝合线平，结合紧密，壳厚 1.2 毫米，可取整仁，出仁率 51%，核仁色浅，味香。

树势中等，发枝力极强，侧生混合芽比率 95%以上。嫁接苗第二年开始结果，该品种树势中庸，坚果品质优良，早期丰产性好，宜在肥水条件较好的地区栽培。

18. 中林 3 号　中国林业科学院林业研究所杂交育成，早实品种。

坚果椭圆形，单果重 11 克。壳中色，较光滑，缝合线窄而凸起，结合紧密，壳厚 1.2 毫米。可取整仁，出仁率 60%，核仁饱满，色浅。

树势较旺,分枝力较强,侧生混合芽比率50%以上。嫁接后第二年结果,9月初坚果成熟,10月下旬落叶。该品种适应性强,耐干旱瘠薄,丰产性强,核仁品质上等,为较好的仁用品种。适宜西北、华北山地栽培,亦可作为果林兼用树种。

19. 陕核1号 坚果圆形,单果平均重12克。壳面光滑,色较浅;缝合线窄而平,结合紧密,易取整仁。核仁平均重7.1克,出仁率60%。核仁充实饱满,色乳黄。

树势较旺盛,树姿较开张,小枝粗壮节间短,侧芽形成混合花芽的比率为70%。适宜在年平均气温10℃以上,生长期180天以上的地区种植。发芽较早,该品种适应性强,早期丰产,抗病性强,适宜做仁用品种和授粉品种。

20. 西林1号 坚果长圆形,单果平均重10克,壳面光滑,有浅麻点,色较浅,缝合线窄而平,结合紧密,易取整仁。核仁重5.6克,出仁率56%。核仁充实饱满,色乳黄。

嫁接后第二年开始结果。树势旺盛,树姿开张,小枝节间中等。适宜在年平均气温10℃以上,生长期200天以上的地区种植。发芽较早。该品种适应性强,抗病强,适宜在山地栽培。

(二)晚实核桃品种

1. 晋薄1号 坚果长圆形,平均重11克。壳面光滑、色浅,缝合线窄而平,结合紧密,易取整仁。核仁重6.9克,出仁率63%。核仁充实饱满,色乳黄,树势旺盛。适宜在年平均温度10℃以上,生长期180天以上的黄土地区种植。

2. 晋龙1号 坚果圆形,平均重14.8克。壳面较光滑有浅麻点、色浅,缝合线窄而平,结合较紧密。易取整仁,出仁率60%。核仁较充实,饱满,色乳黄,风味优良。

嫁接树4～5年开始结果,10年后进入盛果期。树势中等,树姿较开张,小枝粗壮,深褐色,节间长。发芽较晚。该品种适应性强，抗霜冻，抗病性强，早期丰产，坚果品质优良，适宜在黄土地区栽培。

3. 晋龙 2 号　坚果圆形，平均重 15.9 克。壳面光滑、色浅，缝合线窄而平，结合紧密，易取整仁。核仁重 9 克，出仁率 56%。核仁充实饱满，色乳黄。

嫁接树 4～5 年开始结果，8 年后进入盛果期。树势旺盛，树姿较开张，小枝粗壮，深褐色，节间长。发芽较晚，雄先型。该品种适应性强，抗霜冻，抗病性强，早期丰产。适宜在黄土地区栽培。

4. 西洛 1 号　坚果圆形，重 13 克。壳面光滑，色较深；缝合线窄而平，结合紧密，易取整仁。核仁重 7.4 克，出仁率 57%。核仁充实饱满，颜色浅。

嫁接 6～7 年后进入盛果期，较丰产。树势中等，树姿较直立。该品种适应性强，抗霜冻，抗病性强，早期丰产，坚果品质优良，适宜在黄土地区及山地栽培。

5. 西洛 2 号　坚果长圆形，平均重 13.1 克。壳面较光滑有浅麻点，色较深，缝合线窄而平，结合紧密，易取整仁。核仁重 7 克，出仁率 54%。核仁充实饱满，色浅。嫁接树 7～8 年后进入盛果期。树势中等，树姿较直立，小枝粗壮。该品种适应性强，抗霜冻，抗病性强，早期丰产，坚果品质优良，适宜在黄土地区及山地栽培。

6. 西洛 3 号　坚果圆形，重 14.1 克。壳面较光滑有浅麻点，色较深，缝合线窄而平，结合紧密，易取整仁。核仁重 7.9 克，出仁率 56%。核仁充实饱满，色浅。

嫁接树 3～4 年开始结果，7 年后进入盛果期。树势旺盛，树姿较开张。发芽较早，雌先型。该品种适应性强，早期丰产，耐干旱，抗病性强，适宜在黄土地区栽培。

7. 北京 746　北京市林果研究所从当地晚实核桃实生树中选育而成。1986 年定名并推广。坚果近圆形，单果重 12 克，壳面较光滑，壳皮厚1.1毫米，取仁容易，出仁率53%，核仁饱满色浅。

树势中庸，树姿半开张，树冠紧凑。苗木嫁接后第三年结果，6年生株产2.6千克，每平方米树冠投影产仁220克。结果枝率62%。易丰产，高接第二年成花结果。该品种适应性强，抗寒、抗病，耐旱力强，适于密植。

8. 礼品1号 辽宁省经济林研究所从新疆纸皮核桃中选育而成。坚果长阔圆形，单果重10克。壳面光滑美观，壳皮厚0.6毫米。内褶壁和横隔退化，取仁极易，出仁率67.3%～73.5%。

树势中庸，树姿半开张，分枝力中等，结果枝率58.4%，长果枝结果为主，每平方米树冠投影产仁150克。大连地区4月中旬发芽，5月上旬雄花盛期，5月中旬雌花盛期，属雄先型，9月中旬果实成熟。抗寒、抗病，适应性较强。

9. 礼品2号 辽宁省经济林研究所从新疆纸皮核桃中选育而成。坚果长圆形，单果重13.5克，壳面光滑，缝合线窄而平，结合紧密，壳皮厚0.7毫米，内褶壁和横隔退化，取仁极易，核仁饱满色浅，出仁率70%，品质上等。

树势中等，树姿半开张，分枝力较强。苗木嫁接6年成花结果，高接4年结果，坐果率70%，每平方米树冠投影产仁200克。10年生嫁接树株产5.5千克。该品种抗寒、抗病力强。

（三）铁核桃品种

铁核桃亦称漾濞核桃，是我国西南高地（北亚热带气候区）的核桃栽培种。不抗寒，不宜在北方栽培。宜在年平均气温12℃以上，生长期200天以上的地区种植。

1. 泡核桃 坚果扁圆形，平均重12.5克。壳面有浅麻点、色浅，缝合线窄而凸起，结合紧密，易取整仁。核仁重7克，出仁率55%。核仁充实饱满，色乳黄。

嫁接树第七年开始结果。树势较旺盛，树姿较开张。发芽较早，多顶芽结果。该品种开始结实晚，寿命长，百年大树仍结实累累，是云南的主要栽培品种。

2. 黔 1 号　坚果圆形，平均重 8.4 克。壳面有浅麻点、色较浅，缝合线窄而凸起，结合较紧密，易取整仁。核仁重 5.1 克，出仁率 63%。核仁充实饱满，色浅。

树势旺盛，树姿直立。发芽较晚。该品种适应性强，较丰产，坚果虽小而质优，适宜在西南高原黄棕壤和黄壤等地区种植。

3. 黔 2 号　坚果圆形，平均重 13 克。壳面有浅麻点、色浅，缝合线窄而平，结合紧密，易取整仁。核仁重 7.7 克，出仁率 59%。核仁充实饱满，色浅。

嫁接树 2～4 年开始结果，8 年后进入盛果期。树势旺盛，树姿直立。发芽较晚。该品种抗旱性强，早期丰产，抗病性强，适宜在西南高地种植。

4. 黔 3 号　坚果圆形，平均重 10.3 克。壳面有浅麻点、色深，缝合线窄而凸起，结合紧密，较易取整仁。核仁重 6.9 克，出仁率 67%。核仁充实饱满，色浅。

嫁接树 2～4 年开始结果。树势中等，树姿直立。发芽较晚。该品种适应性强，早期丰产，抗病性强，适宜在西南高寒地区种植。

5. 黔 4 号　坚果圆形，平均重 11.5 克。壳面光滑、色深，缝合线窄而凸起，结合紧密，易取整仁。核仁重 6 克，出仁率 52.4%。核仁充实饱满，色浅。

嫁接树 2～3 年开始结果。树势旺盛，树姿直立。适宜在年平均气温 13℃以上，生长期 240 天以上的地区种植。发芽较早。该品种适应性强，早期丰产，坚果品质优良。适宜在西南地区种植。

6. 云新系列(铁核桃和核桃的杂交种)　坚果长圆球形，平均重 13 克。壳面比较光滑，有浅麻点；缝合线凸起，结合紧密，较易取整仁。核仁重 7 克，出仁率 52%。核仁充实饱满，色浅。

嫁接树第二年开始结果，5 年后进入盛果期。发芽较早，雌先型。该品种适应性强，早期丰产，抗病性强，适宜在西南海拔 1 600～2 100 米地区种植。

三、优良核桃砧木选择

(一)优良砧木标准

砧木苗是用种子繁育而成的实生苗。砧木应具有对土壤干旱、水淹、病虫害的抗性，或具有增强树势、矮化树体的性状。砧木的种类、质量和抗性直接影响嫁接成活率及建园后的经济效益。选择适宜于当地条件的砧木乃是保证丰产的先决条件。因此，砧木的选择是很重要的。砧木的选择需从种内不同类型的选择及不同树种及其种间杂交子代的选择两个方面进行。着重在生长势、亲和力和抗土壤逆境与病虫害等目标。

优良砧木的标准应是：生长势强，能迅速扩大根系，促进树体生长。砧木对树体生长具有决定性的影响；抗逆性强，尤其是对土壤盐碱的抗性；抗病性强。目前已开始频繁发生核桃根系病害，因此，应针对生产地区的主要病害，选用抗病性强、核桃嫁接亲和力强的砧木。

培育健壮的优良品种苗木，是发展核桃生产的基础条件之一。我国大部分核桃产区历史上沿用实生繁殖，其后代分离很大，即使在同一株树上采集的种子，后代也良莠不齐，单株间差异悬殊。因此，核桃栽培中，必须使用无性繁殖，使用优良的砧木，嫁接优良品种，才能达到栽培目的。

(二)优良砧木品种

在美国和法国，核桃砧木主要采用美国黑核桃、北加州黑核桃，亦称函兹核桃以及一些种间杂种，如奇异核桃等。日本多用心形核桃和吉宝核桃做砧木。

我国核桃资源丰富，我国原产和国外引进的共有 9 个种，其中用于砧木的 7 个种，即核桃、铁核桃、核桃楸、野核桃、麻核桃、吉宝核桃和心形核桃，枫杨虽然不是核桃属，但有时也可做核桃砧木（表 1）。

表 1　核桃主要砧木种类及其特性

树　种	嫁接特性
核　桃	亲和力强，成活率高，实生苗变异大，对盐碱、水淹、根腐、线虫等敏感，是我国北方核桃栽培区常用的砧木
铁核桃	亲和力较强，生长势旺，抗寒性差，适应北亚热带气候，是我国云、贵、川等省区栽培中常用的砧木，在北方不能越冬
核桃楸	亲和力较强，实生苗变异大，抗寒不耐干旱，苗期长势差，易发生小脚现象
野核桃	耐干旱，耐瘠薄，适应性强，易发生小脚现象，适于山地和丘陵地区栽植
黑核桃	抗寒性强，较抗线虫和根腐，有矮化及提早结实的作用，有黑线病
加州黑核桃	亲和力强，对线虫、根腐病敏感，较抗密环菌
得克萨斯黑核桃	亲和力强，矮化，耐盐碱
枫　杨	耐水淹，根系发达，适应性强。山东省早有枫杨嫁接核桃的先例，但生产上保存率很低
奇异核桃	抗线虫、根腐病，耐山地瘠薄，生长快速

1. 核桃　核桃做本砧嫁接亲和力强，接口愈合牢固，我国北方普遍使用。具有成活率高，生长结果正常等特点。但由于长期采用商品种子播种育苗，实生后代分离严重，类型复杂。在出苗

期、生长势、抗性以及与接穗的亲和力等方面都有所差异。

美国近几年由于采用本砧嫁接，表现生长良好，抗黑线病能力强，进一步引起研究和生产方面的重视。

2. 铁核桃 其野生类型又名夹核桃、坚核桃。与泡核桃是同一个种的两个类型，主要分布于我国西南各省。实生的铁核桃是泡核桃、娘青核桃、三台核桃、大白壳核桃、细香核桃等优良品种的良好砧木，砧穗亲和力强，嫁接成活率高，愈合良好，无大、小脚现象。用铁核桃嫁接泡核桃的方法在我国云南、贵州等地应用历史悠久，效益显著。

3. 核桃楸 主要分布在我国东北和华北各省，垂直分布可达海拔2 000 米以上。其根系发达，适应性强，十分耐寒，也耐干旱和瘠薄，是核桃属中最耐寒的一个种。核桃楸野生于山林当中，种子来源广泛，育苗成本低，能增加品种树的抗性，扩大核桃的分布区域。但是，核桃楸嫁接品种，后期容易出现“小脚”现象。

4. 野核桃和麻核桃 野核桃主要分布于江苏、江西、浙江、湖北、四川、贵州、云南、甘肃、陕西等地，常见于湿润的杂林中。果实个小，壳硬，出仁率低，做核桃砧木有时会有“小脚”现象。近年来，山东省果树研究所利用野核桃与早实核桃杂交，也选出一系列种间优系，结果较早，果实也较大，而且表现出较好的抗性，坚果刻沟多而深，形状多样，与核桃嫁接亲和力好，成活率高是优良的砧木或工艺核桃选育材料。

麻核桃又称河北核桃，是核桃与核桃楸的自然杂交种。主要分布于河北和北京，山西、山东也有发现。与核桃的嫁接亲和力很强，嫁接成活率高，可做核桃砧木，只是种子来源少，产量低。坚果虽无食用价值，但形态雅致，常作为保健用的“揉手”或雕刻为价格高的工艺品。

5. 吉宝核桃和心形核桃 吉宝核桃又叫鬼核桃，原产于日本北部和中部山林中。可作为核桃育种亲本和嫁接核桃的砧木，其抗性仅次于核桃楸，并且不抽条，与核桃亲和力强。

心形核桃又叫姬核桃，果实扁心脏形，果小，是良好的果材兼用树种，原产于日本，是核桃嫁接的良好砧木。

6. 枫杨　又称枰柳、麻柳、水槐树等。在我国分布很广，多生于湿润的沟谷或河滩。用枫杨做砧木嫁接核桃优良品种可使核桃在低洼潮湿的环境中正常生长结果，有利于扩大核桃栽培区域。但枫杨嫁接核桃如果嫁接部位稍高，容易出现"小脚"现象和后期不亲和，保存率较低。因此，生产上不宜大力推广。

四、选种引种

(一)品种选择的原则

品种的科学选择及合理搭配是核桃园能否充分发挥生产潜力，获得低成本高效益的关键之一。

1. 适应本地自然条件　每一个品种，只有在适宜的生态条件下，才能表现出应有的栽培性状和坚果品质，发挥最大的经济效益。例如，土层不足1米的山岭薄地，不宜发展早实核桃品种，否则易造成树体早衰，加重病害。一定要适地适树，不可主观盲从。

2. 符合区划原则　每个地区都有果树发展规划。果树规划区内，应重点突出2～3个为主的树种，规模发展，形成当地优势。在同一小区内，栽植几个不同品种时，最好是成熟期一致，肥水要求和树势相近的品种，以便于管理。

3. 面向市场的需求　在果品由卖方市场转向买方市场，靠质量求生存，以优质求效益的形势下，树种、品种选择必须预测市场需求趋势，发展国内外市场需求的新品种和名特优果品。20世纪90年代由于品种选育及市场需求的变化，陈旧的品种被逐渐淘汰，代之以壳薄、核仁饱、味香优质的品种，现在也考虑适宜加工、贮运等特性的优质品种。

(二)引种的程序

对于核桃品种适应范围的研究,最直接也是最客观的方法是把它们引入有关地区栽种。观察它们对当地气候、土壤等生态因子,特别是不良条件的适应性,以及在新的条件下它们在产量、品质、结果时期等经济性状的表现,从而确定其适应范围和引种价值。但由于核桃品种复杂多样,盲目引种更易加重负担。因此,在引种工作之初,就需要对引入材料进行慎重的选择。

选择引入品种的原则主要有两方面:一是对引入品种经济性状的要求,二是引入品种对当地自然条件适应的可能性。对引入品种经济性状的要求,就是说核桃引种要有明确的目的性。比如说要解决早实丰产,就可以把一些产量较低、品质不好的品种排除在外。品种的经济性状与环境因素有密切的关系,但一般在原产地和原分布区表现低产劣质的品种类型引入新的地区后,也不会变成高产优质。至于像壳厚、仁颜色这样的质量性状则更为稳定,环境的影响会更小。

品种类型对引入地区的自然条件适应性,在引种以前无法对引入类型做出肯定结论,但根据遗传基础、生态因子、栽培措施和引种的关系,可做出比较接近实际情况的分析。

客观分析引种适应的可能性,应该建立在对引种地区农业气候、土壤资源和树种或品种群(生态型)对气候、土壤等条件要求的系统研究基础上。其中农业气候确定是最重要的方面。主要包括:第一,生长期及其不同发育期内热和光资源的确定;第二,同时期内土壤和大气的湿度、水分供应条件的确定;第三,越冬条件的鉴定。

1. 确定影响适应性的主导生态因子 从当地综合生态因子中找到对品种类型适应性影响最大的主导因子,作为估计适应性的重要依据。如辽宁省中北部的引种，影响适应性的主导因子是冬季的最低温，可以用最低温度是否低于－38℃作为估计品种适应性的衡量指标。

2. 调查引入品种的气象指标 研究引入树种或品种的原产地及分布界限，估计它们的适应范围，或者对比原产地或分布范围和引种地的主要农业气象指标，从而估计引种适应的可能性。与引种适应性有关的气象数据比较重要的，也是常用的包括：纬度，年平均气温，10℃以上平均气温的积温值和10℃以上最高气温积温值，1月份平均气温，低温纪录，4～9月份降水量，年降水量等。

3. 分析中心产区和引种地区之间的温差影响 在影响核桃生长发育和适应性诸多生态因子中最重要的是温度因子。而温度条件在一定的范围内是随着纬度和海拔的高度的变化而发生规律性的变化的。纬度越高气温越低，随着海拔的升高气温逐渐降低，核桃的分布有在纬度和海拔上的分布范围。

4. 参考适应性相近的品种在本地区的表现 引入品种在原产地或现有分布范围内常常和一些其他品种一起生长，常常表现出对共同条件的相似适应性。因此，可以通过其他品种在引种地区表现的适应性来估计引入树种或品种的适应可能性。

5. 从病虫及灾害常发区引入抗性类型 某些病虫害和自然灾害经常发生的地区，在长期自然选择和人工选择的影响下，常常形成对这些因素具有抗性的品种类型。因此，在选择品种时，选择抗病虫能力强的类型。

6. 考察品种类型的亲缘系统 品种类型亲缘系统也就是它们的系统发育条件，和它们的适应能力有着密切的关系。那些原产于比较温暖的南方地区、但亲本中有抗寒类型的品种，往往秉承其祖先的遗传特性，也具有较强的抗寒能力。

7. 借鉴引种实践的经验教训 我国各地群众长期以来就广泛地开展民间引种活动。如在搬迁或串亲访友的过程中引入少量种类、品种;华侨归国或外国侨民带回的少量繁殖材料等。其中表现较好的则保存下来,以至逐渐繁殖为生产所采用。在开展引种工作时应仔细了解过去本地或相近地区曾经引进的种类、品种,引种的方法和引入后的表现,总结成败得失,就可以使进一步的引种工作少走弯路。

8. 参考相关研究资料 品种具有分布广泛和品种内变异较小的特点。国内外有关品种适应性方面的研究资料,如越冬性、抗旱性、抗病性等对选择引种材料,估计引入后适应性方面都有一定的参考价值。

(三)引种的注意事项

首先是进行严格检疫和编号登记制度。检疫工作是引种工作的重要环节。特别是要严格检疫消毒以防止病虫害传播。引入的种类、品种收到后就应编号登记。登记项目应该包括种类、品种名称(学名、原名、通用名、别名等),繁殖材料种类(接穗、插条、苗木,如是嫁接苗则须注明砧木名称),材料来源(原产地、引种地、品种来历等)和数量,收到日期及到后采取的处理措施,引种材料编号等。每种材料只要来源不同和收到的时间不同都要分别编号。档案袋上采用同样的编号,把引入时有关该种类、品种的植物学性状、经济性状、原产地气候条件特点等记载说明资料装入档案袋备查。

繁殖材料的引入尽可能进行实地调查搜集,便于查对核实,防止混杂;还便于做到从品种特性表现比较典型,无慢性病虫害危害的优株上采集繁殖材料。

从引种试验到生产上大量繁殖推广需要很长时间,只能根据外引种类、品种在引种区的表现,同时考虑生产需要做出决定,不宜统一规定。一般可大体上分为:少量试引、中间繁殖和大规模推广 3 个阶段。少量引种每品种可 3～5 株。在土壤及小气候比较复杂的山区，可在几个有代表性的地段进行少量引种试栽。在引入品种进入结果期后，可选择适应性及经济性表现较好、有希望的品种，进行控制数量的生产性中间繁殖，并对其适应性做进一步的考察研究。等到中间繁殖的品种进入结果期，少量试引的品种已进入结果盛期，也经历了周期性严格的考验。此时对表现优异的引进品种可大量繁殖推广。

加速引种鉴定的过程有 2 种方法。一种是高接法，把引入品种在进行少量试栽的同时，进行高接，促进其提前结果研究鉴定。高接情况下，品种间相对适应能力的强弱，可以反映引入品种能否在当地采用高接的方法用之于生产。另一种是对比法，就是选择对当地环境条件基本适应的、符合要求的品种作为对照品种，进行对比性观察和分析。引入品种在一般和轻灾年份，受害程度都比对照轻微，就可以大体推断在重灾年份它们的受灾程度也不至于超过对照品种。

思考题

1. 优良核桃品种的标准有哪些?

2. 优良核桃砧木有哪些标准? 目前，应用的核桃砧木有哪几个种?

3. 品种选择时有哪些原则?

4. 引种过程应注意哪些因素?

第四章　苗木培育与高接换种技术

一、健壮苗木的标准

苗木分级的目的是保证出圃苗木的质量和规格，提高栽植成活率和整齐度。核桃苗木的标准要根据类型(实生苗或嫁接苗)而定。建园所用的嫁接苗要求嫁接口结合牢固、愈合良好、接口上下的苗茎粗度要接近；苗茎要通直、充分木质化、无冻害风干、机械损伤以及病虫危害等；苗根的劈裂部分在0.3厘米以上时要剪去(表2)。

做砧木用的实生苗要求根系发达完整、生长健壮、无病虫害。用于室内苗砧嫁接的实生苗除以上条件外，根茎处要通直，直径达1～2厘米。

表2　嫁接苗的质量等级

项　目	级　别	
	1级	2级
苗高(厘米)	>60	30～60
基茎(厘米)	>1.2	1～1.2
主根保留长度(厘米)	>20	15～20
侧根条数(条)	>15	>15

二、苗木繁育

(一)苗圃地的选择与准备

1. 苗圃地选择　苗圃地应地势平坦、土壤疏松肥沃、背风向阳、土质差异小、水源充足、交通便利。地下水位应在1米以下，因为低洼地和地下水位高的地方苗木根系不发达，容易积水以至出现涝害和霜冻。肥沃的土壤通气条件好，水、肥、气、温协调，有利于种子发育和幼苗生长。另外，幼苗期根系浅，耐旱力差，对水分要求高。因此，水源充足是保证苗木质量的重要条件。

2. 圃地整理　整地是苗木生长质量的重要环节，主要是指对土壤精耕细作，通过整地增加土壤的通气透水性，并有蓄水保墒、翻埋杂草残茬、混拌肥料及消灭病虫害等作用。由于核桃幼苗的主根很深，深耕有利于幼苗根系生长。秋耕宜深(20～25厘米)，春耕宜浅(15～20厘米)；干旱地区宜深，多雨地区宜浅；土层厚时宜深，河滩地宜浅；移植苗宜深(25～30厘米)，播种苗宜浅。北方宜在秋季深耕并结合进行施肥及灌冻水。春播前可再浅耕1次，然后耙平供播种用。

(二)实生苗的培育

凡是由种子长成的苗木统称为实生苗。实生苗木繁殖方法简便，种子来源多，有利于大量繁殖。实生苗根系发达，适应性强，生长旺盛。但实生苗结果晚，而且容易发生变异，不易保持原品种的优良特性。核桃实生苗主要有3种用途：一是实生砧木苗，是我国和世界许多国家嫁接用砧木的主要来源；二是实生苗建园；三是实生苗也广泛应用于培育杂种实生苗，以获得优良的变异单株，这是培育核桃新品种的主要途径之一。

1. 采种　选择生长健壮、无病虫害、种仁饱满的壮龄树为采种母树。当坚果青皮由绿变黄并开裂时可采收。此时的种子内部生理活动微弱，含水量少，发育充实，最易贮存。若采收过早，胚发育不完全，贮藏养分不足，晒干后种仁干瘪，发芽率低，即使发芽出苗，生活力弱，也难成壮苗。

采种方法有捡拾法和打落法2种，前者是随坚果自然落地，定期捡拾；后者是当树上果实青皮有 1/3 以上开裂时打落。种用核桃不用漂洗，可直接脱青皮晾晒。晾晒的种子要薄层摊在通风干燥处，不宜放在水泥地面、石板或铁板上受阳光直接暴晒，否则会影响种子的生活力。

2. 贮藏 核桃种子无后熟期。秋播的种子在采收后 1 个多月就可播种，有的可带青皮播种，晾晒的不需干透。多数地区以春播为主，春播的种子贮藏时间较长。贮藏时应保持在 5℃左右，空气相对湿度 50%～60%，适当通气。核桃种子主要采用室内干藏法贮藏。干藏分为普通干藏和密封干藏 2 种。前者是将秋采的干燥种子装入袋或缸等容器内，放在低温、干燥、通风的室内或地窖内。种子少时要用密封干藏法贮藏，即将种子装入双层塑料袋内，并放入干燥剂密封，然后放入可控温、控湿、通风的种子库或贮藏室内。

除室内干藏以外，也可采用室外湿沙贮藏法，即选择排水良好、背风向阳、无鼠害的地方，挖掘贮藏坑。一般坑深为 0.7～1 米，宽 1～1.5 米，长度依种子多少而定。种子贮藏前应进行选择，即将种子泡在水中，将漂浮于水上、种仁不饱满的种子挑出。种子浸泡 2～3 天后取出并沙藏。先在坑底铺一层湿沙（以手握成团不滴水为度），厚约 10 厘米，放上一层核桃后用湿沙填满核桃间的空隙，厚约 10 厘米，然后再放一层核桃，再填沙，一层层直到距坑口 20 厘米处时，用湿沙覆盖与坑口持平，上面用土培成脊形。同时在贮藏坑四周挖排水沟，以免积水浸入坑内，造成种子霉烂。为保证贮藏坑内空气流通，应于坑的中间（坑长时每隔 2 米）竖一草把，直达坑底。坑上覆土厚度依当地气温高低而定。早春应随时注意检查坑内种子状况，避免霉烂。

3. 种子处理 秋播种子不需任何处理，可直接播种。春季播种时，要浸种处理，以确保发芽。

（1）冷水浸种法 用冷水浸种 7～10 天，每天换 1 次水，或将盛有核桃种子的麻袋放在流水中，使其吸水膨胀裂口，即可播种。

(2)*冷浸日晒法*　将冷水浸过 7～10 天的种子置于阳光下暴晒，待大部分种子裂口后即可播种。

(3)*温水浸种法*　将种子放在 80℃温水缸中搅拌，使其自然降至常温后，浸泡 8～10 天，每天换水，种子膨胀裂口后捞出播种。

(4)*开水浸种法*　当时间紧迫，种子未经沙藏急需播种时，可将种子放入缸内，然后倒入种量 1.5～2 倍的开水，随倒随搅拌，2～3 分钟后捞出播种。或放入凉水中浸泡 24 小时昼夜，再捞出播种。此法还可同时除去种子表面的病原菌。但薄壳和露仁种子不能采用这种方法。

(5)*石灰水浸种法*　据山西汾阳市南偏城的经验，将种子浸在石灰水溶液中(每 50 千克种子用 5 千克生石灰和 10 升水)，不需换水，浸泡 7～8 天，然后捞出暴晒几个小时，待种子裂口时，即可播种。

4. 播种时期　南方温暖适于秋播，北方寒冷适于春播。秋播一般在 10 月中旬至 11 月下旬土壤结冻前进行。应注意，秋季播种不宜过早或过晚。有的地方采用秋季播种是在采收后直接带青皮播种。秋播优点是不必进行种子处理，春季出苗整齐，苗木生长健壮。春播一般在 3 月下旬至 4 月上旬土壤解冻以后进行。春播的缺点是播种期短，田间作业紧迫，且气候干燥，不易保持土壤湿度，苗木生长期短，生长量小。

5. 播种方法　核桃为大粒种子，一般用点播法。播种时，壳的缝合线应与地面垂直，使苗基及主根均垂直生长，否则会造成根颈或幼茎的弯曲。播种深度一般在 6～8 厘米为宜，墒情好，播种已发芽的种子覆土宜浅些；土壤干旱或种子未裂嘴时，覆土略深些，必要时可覆盖薄膜以增温保湿，播种已发芽的种子，可将胚根根尖剪去 1 毫米，促使侧根发育。

6. 播种密度　行距实行宽窄行，即宽行 50 厘米，窄行 30 厘米，株距 25 厘米，每 667 平方米出苗 6 000～7 000 株，一般当年生苗在较好的环境条件下，可达 80 厘米高，根基直径 2 厘米左右，即可做砧木用。

（三）嫁接苗的培养

1. 嫁接苗的特点 将优良品种植株的枝或芽，接到另一植株的枝干或根上，使之愈合成一个独立的新植株，这个过程称为嫁接，得到的苗木称为嫁接苗。用作嫁接的枝或芽称为接穗或接芽。承受接穗的部分称为砧木。

其特点是：一是能保持其母体品种的优良性状而不易发生变异；二是嫁接苗比实生苗进入结果年龄早；三是可利用砧木的适应性和抗逆性，增强和扩大核桃对环境条件的适应范围；四是可用砧木的特性控制树体的大小；五是对于用扦插、压条和分株方法不易繁殖的核桃，可通过嫁接大量繁殖品种苗木。

2. 影响嫁接成活的因素

（1）愈合过程 嫁接后能否成活，除亲和力外，还决定于砧木和接穗的形成层间能否相互密接产生愈合组织。待愈合组织形成后，细胞开始分化，愈合组织内各细胞间产生胞间连丝，把彼此的原生质互相连接起来。由于形成层的活动，向内形成木质部，向外形成韧皮部，把输导组织沟通起来，砧、穗上下营养交流，使暂时破坏的平衡得以恢复，成为一个新的植株。

（2）影响嫁接成活的因素 影响砧穗结合与成活的主要因素是砧木和接穗的亲和力，其次是砧穗质量和嫁接时的接口湿度和技术。砧木和接穗的贮藏养分多少、愈合组织产生的快慢、有无伤流及单宁物质等对接口愈合均有密切关系。

（四）接穗的采集和运输

1. 接穗的选择 采穗母树应为生长健壮、无病虫害的良种树。也可建立专门的采穗圃。接穗的质量直接关系到嫁接成活率的高低，应加强对采穗母树或采穗圃的综合管理。选择穗条为长1米左右、直径1.5厘米，生长健壮，发育充实，髓心较小，无病虫害的发育枝或徒长枝。1年生穗条缺乏时，也可用强壮的结果母枝或基部2年生枝段的结果母枝，但成活率较低。芽接用接穗应是木质化较好的当年发育枝，达不到丰木质化的幼嫩新梢不宜做穗条。所采接芽应成熟饱满。

2. 接穗的采集　枝接接穗从核桃落叶后，直到芽萌动前都可采集。各地气候条件不同，采穗的具体时间不一样，北方核桃抽条多，冬季或早春枝条易受冻害，宜在秋末冬初采集接穗。冬季抽条和冻害轻微地区或采穗母树为成龄树时，可在春季芽萌动之前采集。此时接穗的水分充足，芽子处于即将萌动状态，嫁接成活率高，可随采随用或短期贮藏。

枝接采穗时宜用手剪或高枝剪，剪口要平。采后将穗条按长短粗细分级，每30～50条一捆，剪去过长、弯曲、不成熟的顶梢。有条件的用蜡封上剪口，最后用标签标明品种。

芽接所用接穗，夏季可随用随采或短期贮藏。但贮藏时间越长成活率越低。一般贮藏不宜超过5天。芽接用接穗，从树上剪下后要立即剪去复叶，留2厘米左右长的叶柄，每20～30条一捆，标明品种。

3. 接穗的贮运　枝接所用接穗最好在气温较低的晚秋或早春运输，高温天气易造成接穗霉烂或失水。严冬运输应注意防冻。接穗运输前，要用塑料薄膜包好密封。长途运输时，塑料包内要放些湿锯末。

接穗就地贮藏过冬时，可在阴暗处挖宽1.2米、深80厘米的沟，长度按接穗的多少而定。然后将标明品种的成捆接穗放入沟内(若放多层)每层中间应加10厘米厚的湿沙或湿土，接穗上盖20厘米左右的湿沙或湿土，土壤结冻后加沙(土)至40厘米。当土壤湿度升高时，应将接穗移入冷库等湿度较低的地方。

芽接所用接穗，保鲜非常重要。采下接穗后，要用湿麻袋片包好，运到嫁接地时，将接穗置于潮湿阴凉处，并经常洒水保湿。

（五）砧木选择及利用

1. 砧木的特性 嫁接苗是由砧木和接穗 2 部分组成的，砧木在果树的生活中同样起着重要的作用，砧木的某些性状，如生长势及对寒、旱、涝、盐碱和某些病虫害等的抵抗能力，都会影响到果树的生长、结果乃至生存。

（1）对低温的适应性 核桃根系是不耐低温的部分，根系受冻会导致全株死亡，所以在容易发生冻害的地区，选用抗寒砧木十分重要。

（2）对干旱的适应 砧木适应干旱的能力，主要受原产地生态条件的影响，一般来说原产于干旱地区的砧木抗旱能力较强，反之较弱；其次与根的发育情况也密切相关，根系强大而深的砧木抗旱力较强。

（3）对水涝的适应性 不同种或不同生态类型的砧木，其抗水涝的能力是不同的。

（4）对盐碱的适应性 不同砧木对盐碱的适应能力也不相同。例如，核桃砧木中的小果黑核桃，比较耐盐碱。

（5）对病虫害的抗性 砧木有一些类型对某些病虫害有较强的抵抗能力，如能加以选择应用，可从根本上解决或大大减轻某些病虫害。

2. 砧木与接穗间的影响

（1）砧木对接穗的影响

①砧木对地上部分生长的影响：砧木可以使嫁接树的树体长得高大，也可以使树体长得矮小，前者称为乔化砧，后者称为矮化砧。砧木对接穗枝梢发生数量及总生长量也有不同影响。砧木对

嫁接树的物候期如萌芽期、开花期、落叶期等都有明显影响。

②砧木对结果的影响：砧木对果树的开始结果时期、产量、生理落果、果实成熟期、果实色泽和品质以及贮藏力等都有一定影响。一般嫁接在具有矮化性砧木上的果树结果早，接在乔化砧上的则迟。一般矮化砧木可使果实提早成熟。

③砧木对植株寿命及适应性的影响：砧木对嫁接树寿命有影响，一般情况下，乔化砧寿命长，矮化砧寿命短。

(2)接穗对砧木的影响

①接穗对砧木根系发育的影响：接穗对砧木根系的生长有一定的影响，接穗品种不同的砧木所受的影响亦不同。

②接穗对砧木适应性的影响：接穗对于砧木根系内的淀粉、碳水化合物、总氮、蛋白质的含量以及过氧化氢酶的活性，都会产生影响。

3. 区域化砧木的选择　不同类型的砧木有不同的特性，它们对生态条件的适应能力不同，因此只有根据区域条件选择适宜的砧木，才能更好地满足核桃的栽培要求。砧木选择不当，将给核桃栽培带来严重损失。例如，铁核桃适应于我国长江流域南部，而不适应于北部地区。通常来讲，要因地制宜，选择当地适应的砧木，并在此基础上，有计划地从外地引种试种，然后才能在生产中推广。

三、嫁接技术

核桃的嫁接时期，因地区气候条件和嫁接方法不同而异。一般来说，室外枝接的适宜时期是从砧木发芽至展叶期。北方多在3月下旬到4月下旬；南方则在2～3月份。芽接时间：北方地区多在5月到7月中旬，其中5月下旬至6月中旬最好；云南则在3月份。

(一)枝　接

1. 劈接　适于树龄较大、苗干较粗的砧木。选2～4年生直径3厘米以上的砧木，于干基10厘米处锯断，削平锯口，用刀在砧木中间垂直劈入，深约5厘米。接穗两侧各削一对称的斜面，长4～5厘米，然后迅速将接穗削面插入砧木劈口中，使接穗削面露出少许，并使砧、穗两者形成层紧密对合。接穗细时，可使两者一侧形成层对齐，然后用塑料条绑严，以利于愈合。

2. 插皮舌接　在适当位置剪断砧木，削平锯口，然后，选砧木光滑处由上至下削去老皮，长6～8厘米；接穗削成长5～7厘米的大削面，刀口一开始就向下切凹，并超过髓心，而后斜削，保证整个斜面较薄，用手指捏开削面背后皮层，使之与木质部分离，然后将接穗的皮层盖在砧木的削面上，最后用塑料绳绑紧接口。此法应在皮层容易剥离、伤流较少时进行。注意接前不要浇水，接前3～5天预先锯断砧木放水。

3. 舌接　此法主要用于苗木嫁接。选根径1～2厘米的1～2年生实生苗，在根以上10厘米左右处剪断，然后选择与之粗细相当的接穗，剪成12～14厘米长的小段。将砧、穗各削成3～5厘米长的光滑斜面，在削面由上往下1/3处用嫁接刀纵切，深达2～3厘米，然后将砧、穗立即接合，双方削面要紧密镶嵌，并用塑料绳绑紧。

4. 切接　剪断砧木后，从断面的一侧皮层内略带木质部处垂直劈入，使切口长度与接穗削面长度一致；接穗的削法是先在一侧削一斜面，长6～8厘米，再在另一侧削1厘米长的小斜面，将大斜面朝里插入砧木劈口，对准形成层，然后用塑料绳包严扎紧。

5. 插皮接　先剪断砧木，削平锯口，在砧木表皮光滑处，由上向下垂直划一刀，深达木质部，长约1.5厘米，用刀尖顺刀口向左右挑开皮层。接穗的削法是，先将一侧削成一大削面(开始时下削，超过中心髓部，然后斜削)，长6～8厘米；然后将大削面背面0.5～1厘米处往下的皮层全部切除，稍露出木质部。插接穗时要在砧木上纵切，深达木质部，将接穗顺刀口插入，接穗内侧露白0.7厘米左右，使二者皮部相接，然后用塑料布包扎好。

6. 腹接　又称一刀半腹接法。选用直径不小于2～3厘米的砧木，在距地面20～30厘米处与砧木呈20°～30°角向下斜切5～6厘米长的大削面，背面是3～4厘米长的小削面，用手轻掰砧木上部，使切口张开。将接穗斜面向内插入切口，对准形成层，放手后即可夹紧，在接口以上5厘米处剪断砧木，用塑料布包严扎紧。

枝接关键技术有以下几点。

第一，接穗削面长度宜大于5厘米，并且要光滑。

第二，接穗插入砧木接口时，必须使砧、穗的形成层相互对准密接。

第三，蜡封接穗接口要用塑料薄膜包扎严密，绑缚松紧适度；对未蜡封的接穗可用聚乙烯醇胶液(聚乙烯醇：水＝1：10加热溶解而成)涂刷接穗以防失水。

(二)芽　接

1. 绿枝凹芽接　在砧木上选一周围较光滑且芽座较小的芽，在芽上、下0.5厘米处各横切一刀，两侧0.5厘米处各纵切一刀，长达3～4厘米，深达木质部，将砧木芽取下。

选接穗上饱满芽为接芽，在接芽两侧各纵切一刀，深达木质部，长3～4厘米，在接芽上、下方刮除青皮至韧皮部，长0.5～1厘米。然后在刮除青皮部位以外横切一刀，取下接芽，要带有维管束(俗称护芽肉)。将削好的接芽对准砧木芽插入砧木，使其维管束对齐，用砧木皮将接芽两端嫩皮部分压住，用塑料条由上而下绑牢接芽。注意使芽外露。接后20天左右，接芽开始萌发，要及时抹去砧木上的芽子。在接芽以上1厘米处剪断砧木。

2. 方块形芽接 先在砧木上切一长 4 厘米左右、宽 2～3 厘米的方块，将树皮挑起，再按回原处，以防切口失水干燥，然后，在接穗上取下与砧木切口大小相同的方块形芽片（芽内维管束要保持完好），并迅速镶入砧木切口，使两切口密接，然后绑紧即可。

3. "T"形芽接 先将接穗芽片切成盾形，长 3～5 厘米，上宽 1.5 厘米。砧木在光滑部位切一"T"形口，横向比接芽略宽，深达木质部，长度与芽片相当，然后用刀挑开皮层，将接芽迅速插入，务必使芽片与砧木紧密相贴，上切口形成层要对齐，然后用塑料条自上而下绑紧。

4. "工"字形芽接 在接穗芽上、下各切一刀，深达木质部，长 3～4 厘米，宽 1.5～2.5 厘米，将芽片四周剥离（一定带维管束，即护芽肉），在砧木适当部位量取同样长度，上、下各切一刀，宽度超过接芽，从中间竖着撕去 0.3～0.5 厘米宽的皮，然后剥开两边皮层。将接穗芽片嵌入砧木切口中，用塑料布自上而下包严包紧。

芽接关键技术有以下几点。

第一，在核桃发芽后 2 个月左右，从树上采取芽饱满的当年新枝作接穗。

第二，选择晴朗天嫁接，接后 3 天内不遇雨，易于成活。

第三，因核桃芽大，叶柄基部大，故芽片亦需大。改良方块形芽接法的芽片长 5～6 厘米。

第四，剥取芽片时注意勿碰掉芽片里面的护芽肉（维管束）。

第五，使用双刃芽接刀，可使芽片和砧木上的切口长度完全一致，密合无缝。

第六，用质地较柔韧的塑料布条（宽约 1 厘米）严密捆绑。

第七，嫁接时间宜在 7 月上旬之前，芽接苗有较长的生长期，可安全越冬并保证苗木质量。

（三）田间苗圃嫁接

一般春季利用硬枝舌接法、夏季利用绿枝芽接及改良绿枝接方法进行。苗圃春季嫁接须在室外气温达15℃，一般砧苗展叶时进行。防止伤流是保证嫁接成功的重要措施。可通过以下方法控制伤流。

1. 砧木放水方法　在嫁接前两周将砧木准备嫁接的部位以上10厘米处截去梢部放水，嫁接时再往下截10厘米削接口嫁接。

2. 砧苗断根法　用铁锹在主根20厘米处截断，降低根压，减少伤流。

3. 刻伤法　在砧木苗干基部用刀刻伤口深达木质部放水。

（四）室内嫁接

秋末将砧苗起出，在沟中或窖内假植，1～3月份时用裸根砧苗（砧苗应先在温室20℃左右催醒10天）嫁接，接后应置于湿锯末温床保湿，放在温度28℃下约20天，待伤口愈合后再移栽到田间。室内嫁接较易控制温度和湿度，有利于促进愈合成活，但直接移植于田间往往成活率较低，故多采用将已愈合成活的苗木移植于塑料棚中或者在室内嫁接后直接栽于塑料大棚，但需对棚内采取增温和保湿措施，愈合成活后，随气温升高，逐渐撤除大棚塑料膜，秋季出圃，可免去移植的损失。

（五）核桃子苗嫁接

核桃幼苗出土1周后的嫩茎基部直径在5毫米左右，此时种子内的胚乳营养丰富，可供给幼苗健壮生长，故用子苗做砧木进行枝接，既有利于愈合成活又可缩短育苗周期，省工省时，降低成本，是大粒种子嫁接育苗的有效途径之一。子苗砧嫁接一般用休眠硬枝做接穗，也可用未生根的组培苗做接穗（微枝嫁接法）。子苗砧枝接法与一般枝接法相同，用刚出土、嫩茎高10厘米左右的子苗做砧木，以与子苗根颈粗度相近的枝条做接穗，用劈接法嫁接（接穗两面削呈楔形）。其优点为育苗周期短，当年可出圃，无须培育1年生的砧木，嫁接也较省力省工。

子苗砧嫁接的关键技术有以下几点。

第一，子苗砧培育。播种时种子的放置方法，必须使缝合线垂直于地面，否则将因胚轴扭曲无法嫁接；种子催芽伸出胚根，可将根尖掐去，在300毫克/千克萘乙酸液中蘸一下，即行播种，可促进胚轴（嫁接部位）增粗。

第二，接穗枝应与子苗根颈同粗或略粗一些，但不能过粗；如用稍粗的接穗，在插入接口时，要对准一边的形成层，插入后，可用洗净的牙膏皮条（宽1.5厘米左右）捏夹固定接口。

第三，在嫁接及接后促进愈合过程中，不要损伤子叶柄和触掉种壳，以保持子苗养分供应。

第四，接后要立即植于温室锯末床中，保持28℃左右，覆膜或喷雾保湿，促进愈合成活。

（六）嫁接苗管理

1. 枝接苗管理

第一，接后1个月内要经常检查，接穗萌芽后，要及时开口放风，待接口愈合、新梢生长后逐步去掉保护物并解绑。

第二，除砧苗萌芽。嫁接愈合过程中及成活后，要用时除去砧苗上的萌芽，以保成活和促进接穗生长。但对未成活砧木苗要选留一枝培养以便再接。

第三，立支柱绑缚嫁接苗，以防风折。一般解绑绳与立支柱同时进行。

第四，室内嫁接苗的移植。嫁接苗的接口愈合尚不牢固，挪动时应整株苗轻拿轻放，防止折断；接口已经愈合成活的嫁接苗芽已萌发，而刚移植时其根系尚未正常生长，不能吸收足够的水分供应新梢生长，常导致抽干死亡，故移植后要随即采取保湿措施，如定时喷水(雾)，或以塑料薄膜覆盖并遮阴，待根系恢复后，再撤去覆盖物。

2. 芽接苗管理

第一，检查成活及补接。芽接后第二周左右要检查成活，凡接芽新鲜，叶柄一触即掉者示成活，反之为死亡，死亡时要及时补接。

第二，对嫁接时期早，接芽可萌发的，要及时从接芽以上10厘米处剪去砧木茎干，促进接芽萌发及新梢生长；对芽接时间较晚，当年不能萌芽的要保留部分接芽以上的枝叶，并保护接芽的安全越冬，待翌年早春萌芽前再剪去接芽以上砧木的枝干。

(七)苗木出圃

苗木出圃是育苗的最后一个环节。为使苗木栽植后生长很好，对苗木出圃工作必须予以高度重视。起苗前要对培育的苗木进行调查，核对苗木的品种和数量，根据购苗的情况，制订出圃计划。安排好苗木假植和贮藏的场地等。

1. 起苗和假植　起苗应在苗木已停止生长，树叶已凋落时进行。土壤过干时，挖苗前需浇1次水，这样便于挖苗，少伤根。1年生苗的主根和侧根至少应保持在20厘米以上，根系必须完整。对苗木要及时整修，修剪劈裂的根系，剪掉蘖枝及接口上的残桩，剪短过长的副梢等。

苗木整修之后如果不能随即移植，可就地临时假植，假植沟应选择地势高、干燥，土质疏松，排水良好的背风处。东西向挖沟，宽、深各1米，长度依据苗木数量而定。分品种将苗木一排排稍倾斜地放入沟内，用湿沙土把根埋严。苗木梢尖与地面平或稍高于地面。如果苗木数量大、品种多，同埋在一条沟中，各品种一定要挂牌标明并用秸秆隔开，建立苗木假植记录，以免混乱。每隔2米插一秸秆把，使之通气。埋完后浇小水1次，使根系与土壤结合，并增加土壤湿度，防止根部受干冻。天气较暖时可分次向沟内填土，以免一次埋土过深使根部受热。

2. 苗木分级 这是圃内最后的选择工作，对定植后的成活率和核桃树的生长结果均有密切关系。一定要根据国家及地方的有关统一的分级标准，将出圃苗木进行分级。不合格的苗木应列为等外苗，不应出圃，留在圃内继续培养。

3. 苗木检疫 是防止病虫传播的有效措施。凡列入检疫对象的病虫，应严格控制，即使是非检疫对象的病虫亦应防止传播。因此，出圃时苗木需要消毒。用4～5波美度石硫合剂的溶液浸苗木10～20分钟，再用清水冲洗根部1次；或用1：1：100波尔多液浸苗木10～20分钟，再用清水冲洗根部1次；或用60%升汞水浸苗木20分钟，再用清水冲洗1～2次。

4. 苗木的包装和运输 苗木如调运外地时，必须包扎，以防止根系失水和遭受机械损伤。每50～100株一捆，根部填充保湿材料，如湿锯末、水草之类，外用湿草袋或蒲包把苗木的根部及部分茎部包好。途中应加水保湿。为防止品种混杂，内、外都要有标签。气温低于－5℃时，要注意防冻。

四、高接换种

高接换种是利用优良品种的早果、高产、优质的特性，彻底改变实生树结果晚、产量低、品质差、不抗病等缺点，是一种改劣换优最快捷的有效措施。对于立地条件较好、树龄小于20年、树势较强、无病虫危害的低产实生核桃园，高接后效果显著。高接换种的关键技术有以下几点。

第一，接穗应采自优良品种的健壮发育枝。优良品种的丰产性能应达到或超过国家标准；坚果品质应达到国家标准中的优级或一级；抗逆性应适应当地的环境条件，特别是对某些限制性的环境因子具有较强的适应性。

第二，接穗应发育充实、芽子饱满、髓心较小、无病虫害。采集的接穗一定要良好保湿，嫁接前芽未萌动。应特别注意，接穗保鲜程度的好坏是影响嫁接成活的关键因素之一。

第三，砧木生长强壮，无严重病虫害；对于营养缺乏的“小老树”，应通过扩穴施肥、增强树势后再进行高接换种。

第四，高接部位根据树的具体情况而定，可在主干或主枝上进行单头单穗、单头双穗或多头多穗高接。嫁接部位的直径以3～6厘米为宜，最粗不超过10厘米，过粗不利于接口愈合。10年以上树高接应根据砧木原有从属关系进行，接头数不应少于10～15个。

第五，伤流较严重时，为了减少伤流，可在地面以上20～30厘米的树干上，锯2～3个深达木质部1厘米左右的螺旋状斜放水口，以避免或减少接口处伤流的发生。

第六，嫁接的适宜时期是在砧木萌芽前后的一段时间。高接方法以插皮舌接成活率最高。接后用塑料薄膜严密包扎接口以提高成活率。

(一)砧木选择

选择生长健壮的植株，嫁接部位直径为2～7厘米，不超过10厘米。砧木龄在10年以上的树，高接部位因树而异，可在主干或主枝上进行单头单穗、单头双穗或多头多穗高接。砧木接口直径在3～4厘米时可单头单穗，直径在5～8厘米时可一头插入2～3枝接穗。10年生以上的树应根据砧木的原从属关系进行高接，高接头数不能少于3～5个。对3～5年生幼树锯掉树冠或重剪主枝，在主干或主枝的光滑部位高接；也可进行夏季芽接。

(二)接穗的采集与保存

接穗应在发芽前20～30天采集，从优良品种树冠外围的中上部采集直径在1.2厘米以上、芽子饱满、枝条充实、髓心小(50%以下)、无病虫害的1年生健壮枝条。采后剪口一定要用漆封严，防止伤流。接穗剪口应蜡封后分品种捆好，埋到背阴处5℃以下的地沟内保存，也可装入内有湿锯末的塑料袋中，放入冷库中贮藏。嫁接前2～3天，放在常温下催醒，使其萌动离皮后再嫁接。

(三)放　水

核桃树不同于其他果树，嫁接时常有伤流液流出，影响嫁接成活率。因此，在大树高接2～3天前放水，在干基或主枝基部5～10厘米处锯2～3个锯口，深度为干径的1/3～1/5，呈螺旋状斜锯放水。或嫁接前7天从预嫁接部位以上20厘米处截断，放水后再嫁接。幼树改接时一般在接口下距地10～20厘米处，锯两条深达木质部1～1.5厘米的锯口。

(四)高接时期和方法

高接时期以萌芽出叶3～5厘米最好，太早伤流重，太迟树体养分消耗多。

目前，应用最普遍的是插皮舌接，嫁接后需要保湿处理，即用内衬有旧报纸的塑料筒套在接口上，下部扎紧，筒内装细湿土至接穗顶部以上1厘米，顶部留3～5厘米空间以利于新梢生长。也可采用聚乙烯醇胶液(聚乙烯醇∶水＝1∶10加热溶解而成)涂刷接穗的保湿方法，操作简便，省工少料、工效高、接后管理环节少、效果良好。但不如套袋的前期生长快，在干旱多风地区成活率稍低。另外，枝条生长期亦可高接，5月中旬至6月中旬以当年半木质化绿枝做接穗，在砧木的当年生枝上劈接。

(五)高接后的管理

1. 除萌　除萌应分段进行。接后 15 天内，砧木上萌蘖适当疏除可暂时保留 1～2 个。接后 20～30 天，视接穗成活情况而定，接芽萌发的抹除接口以下萌蘖，接穗新鲜而未萌动的，其下部保留一个萌条并控制其生长，接穗已枯死的保留 1 个萌条；嫁接 30 天后，接穗虽成活但生长势极弱，其叶面积不到正常值(正常生长树叶面积×全年生长期天数)的 1/10 时，萌条应保留，接穗全部死亡的应保留 2～3 个萌条。保留的萌条应尽量在接口附近的较高位置，以保证树干或在生长季再芽接或恢复树冠后再进行改接。

2. 放风　为保证成活率可采取三步放风：第一步在接后 20 天左右，接梢芽成活长至 0.5 厘米时，用剪子把薄膜袋剪一小口，让接芽钻出；第二步是待接后 30 天左右、梢长 4 厘米，将保湿膜撕一小口，把枝梢引出膜外；第三步是新梢长 6 厘米以上时，把保湿膜撕开，反卷向下至接口外。避免放风过早或过晚影响成活率。

3. 设立支柱　当新梢长至 30 厘米左右时要及时在接口处设立 1.5 米长的支柱，将新梢轻轻绑在支柱上以防风折，随着新梢的加长要绑缚 2～3 次。

4. 松绑　接后 2～3 个月(6 月上旬到 7 月上旬)，要将捆绑绳松绑 1 次，否则会形成环缢环，影响接口加粗生长。8 月下旬可根据具体情况将绑缚物全部去掉。

5. 定枝、疏果　定枝的目的在于合理利用水分、养分，促进树体向有序方向发展，达到早整形、快成形。要根据接穗成活后新梢的长势选留部分枝，疏掉多余枝。留下的枝一部分可提早摘心促进二次分枝，便于树冠伸展丰满，同时为翌年的整形修剪打下良好的基础，另外还可提高产量。如果接后不管，任其生长，则树形乱，翌年整形时左右为难。定枝时间在新梢长至 20～30 厘米进行。

早实核桃品种的接穗在成活当年都要开雌花，若接穗愈合好，新梢生长旺，雌花会自行脱落。如果生长弱则会坐果，应该及早疏掉或少保留果实，尽快恢复树势。否则会因结果多，消耗养分大，树势难以恢复，造成烂根，甚至整株死亡。

6. 摘心 为了充实发育枝，在8月底对全部新梢进行摘心。摘心长度3～5厘米。

7. 加强肥水管理 接穗成活后要浇水2～3次，叶片长出时，开始少量追肥，当新梢20～30厘米时要追施1次速效性氮肥，促进新梢生长。8月下旬追施磷、钾肥，促进枝条生长充实。

8. 高接树的修剪原则 根据树体原有的基础，相应的随枝整形。改接后的前几年生长强旺，以轻剪缓放为主，以缓和树势。

9. 病虫害防治 接穗萌芽后，有金龟子和食芽象甲危害嫩芽，应及早喷药防治。

(六)高接改优的增产效果

低产劣质核桃树通过高接改优，不仅使品质得到改善，产量更得到了显著提高。高接后第二年均能结果，但产量较低，单株平均产量为0.5千克左右，每667平方米产10千克左右。结果第二年单株平均产量达2千克左右，每667平方米产量可达40千克以上，第三年株产量可达4千克左右，每667平方米产量可达50～100千克，第四年以后为未改接树产量的4～7倍。

高接后增产幅度的大小与选用品种密切相关。在立地条件和栽培措施相同的条件下，同龄砧木同时期改接不同品种，单株和单位面积坚果产量相差4～6倍。因此，核桃高接改优要取得良好效果，因地制宜选择品种至关重要。

另外，高接改优的树结果早，产量上升快，应加强土、肥、水和树体管理，否则会因养分和水分亏缺而导致树势早衰，产量下降。

思考题

1. 核桃健壮苗木的标准有哪些?
2. 影响核桃嫁接成活的主要因素是什么?
3. 核桃嫁接主要采用哪几种方法?
4. 枝接苗管理有哪些注意事项?

第五章　建园技术

一、生态环境对核桃生长发育的影响

(一)土　壤

土壤是核桃生长的基础。核桃生长发育要从土壤中吸收大量的水分和营养元素以保证其正常的生理活动。良好的土壤条件能满足核桃对水、肥、气、热的要求,是获得丰产的基础。

土层深浅决定核桃根系的分布。通常土层深厚,根系分布深则能吸收较多的水分和养料,并能增强核桃的适应性和抗逆性;土层过浅,则生长不良,植株矮小、枯顶、早衰或寿命缩短。一般以质地疏松的砂壤土或壤土最适于核桃的生长,含钙的微碱性土最为适宜。土壤质地好坏不仅影响根系分布,而且对核桃生长发育和生理功能的影响也很大。

在土壤过于黏重、通气条件恶化的情况下,不但根的生长和吸收功能停止,而且会使核桃处于饥饿状态,甚至全株死亡。沙土地通气排水良好,但保水保肥能力差,易发生干旱和缺素症。

(二)水　分

水对核桃植物内各种物质的合成和转化、对土壤中矿物质的溶解和被根系吸收,都起着极为重要的作用。水能调节植物的温度,与核桃生长和结果有着密切的关系。如果水分不足,就会降低光合作用,影响营养物质的制造和积累,抑制根系、新梢和果实的生长,影响芽的发育,特别是花芽的分化。一般土壤水分能保持田间持水量的 60%～80%时，根系即可正常生长、吸收、运转和输导。如果水分过多，土壤会因积水过多而通气不良，根系呼吸作用则不能正常进行，致使核桃生长受到影响，严重时会造成植株死亡。

各种核桃对水分的要求是不同的，原产北方干旱地区的核桃比原产南方湿润地区的核桃要求水分少；不同种类核桃对于干旱的抵抗能力也不同，晚实核桃比早实核桃抗旱力强。耐涝性与根系呼吸强度有关，核桃呼吸强度强，则其耐涝性较差。

(三)气　候

1. 冻害　主要指核桃在休眠期因受零下低温的伤害而使细胞和组织受伤或死亡。

(1)树干冻害　温度变化剧烈而温度低的冬季，幼树树干易遭受冻害。受冻后有时形成纵裂，树皮常沿裂缝脱离木质部，严重时外卷。冻裂后随着气温升高，一般可以愈合，冻伤严重时则会整株死亡。主要原因是温度剧烈变化，主干组织内、外张力不均而引起。裂缝一般只限于皮部，以西南向为多，冻裂部位多在分枝角度小的分杈处或有伤口的部位。

(2)枝条冻害　由于品种类型抗寒力差或枝条不充实，冬季 1 年生枝条会出现不同程度的冻害。成熟的枝条，各组织中以形成层最抗寒，皮层次之，而木质部、髓部最不抗寒。因此，轻微受冻时只表现髓部变色，中等冻害时木质部变色，严重冻害时才冻伤韧皮部，待形成层变色时则枝条失去恢复能力。在生长期形成层抗寒力最差。较晚停止生长的树，易加重冻害，顶端成熟不良部分更易受冻。成年树以衰弱的结果枝和内膛小枝最易受冻。

多年生枝冻害，常表现为树皮局部冻伤。受冻部分最初微下陷变色，不易觉察，但内部变为褐色；逐渐干枯死亡，皮部开裂和脱落。如形成层尚未受伤，可以逐渐恢复。多年生枝杈部分，特别是主枝的基角内部，易遭受积雪冻害或一般冻害。受冻枝干易感染腐烂病、干腐病。

(3)根颈冻害　根颈是地上部分进入休眠最晚而结束休眠最早的部位，抗寒力弱；且根颈接近地表，温度变化剧烈，最易受冻害。根颈受害后，树皮先变色，后干枯，可局部发生，也可形成环形。根颈冻害常引起树势衰弱或整株死亡。

(4)根系冻害　由于根系无休眠期，所以形成层最易受冻，皮层次之。根系受害后变为褐色，皮层与木质部分离。粗根较耐寒。近地面的粗根较下层根系易于受冻；新定植的和幼树根系小而浅，易受冻害。根系受冻后常表现为发芽晚、生长弱，待新根发出后才能正常生长。

影响冻害发生的因素很复杂，发生冻害的内因主要是品种、树龄、生长势及当年枝条的成熟与锻炼情况等。而外因是地理位置、土壤地势、栽培管理条件及当年的气象因素。

品种的不同，抗寒力有很大差别。而且由于生长情况和抗寒锻炼及枝条成熟度的不同，同一品种抗寒力也有一定的差异。

气象条件是造成冻害的直接因素，每年寒流侵入的时间、强度、持续时间等原因，都可造成不同程度的冻害。低温来临早、持续时间长、温度变化大、干旱等都会加重冻害。有些因素是在核桃生长发育时才表现出来，如生长季光照不足，养分积累少；氮素过多，延迟生长；秋雨多，生长停止晚等都能使核桃的抗寒力降低。有些外界条件可直接影响到越冬，例如，山的南麓比北麓冻害明显减轻；同一坡向的缓坡地较低洼地冻害轻；沙土地根系受冻害较重；而近大水面的果园，可减轻冻害；在寒地创造和选择小气候条件，也可明显减轻冻害。

2. 霜冻　在生长季由于急剧降温，水汽凝结成霜而使幼嫩部分受冻，称为霜冻。

我国除台湾省与海南省的部分地区外，均会出现零摄氏度以下低温。早秋和晚春寒潮入侵易形成霜害。一般纬度越高，无霜期越短。同一纬度上，我国西部无霜期比东部短，受霜害的威胁较大。同一地区海拔越高，无霜期越短。一般坡地较洼地、南坡较北坡、近大水面地区无霜期长，受霜冻威胁较轻。

根据霜冻发生时的条件与特点不同，有辐射霜冻、平流霜冻和混合霜冻3种类型。辐射霜冻延续时间短，一般只是早晨几小时，降温一般为－1℃～－2℃，较易预防；平流霜冻是寒流直接危害的结果，涉及范围广，延续时间长，有时可达数夜之久，降温剧烈，可达－3℃～－5℃，甚至达－10℃，一般防霜措施效果不大，但不同的小气候有很大差异。有时平流霜冻和辐射霜冻同时发生，危害更大。

在北方，晚霜较早霜具有更大的危害性。春季核桃进入生长期，抗寒力迅速降低。低温会给幼嫩组织带来致命的伤害。因此，自萌芽期至幼果期，霜冻来临越晚，受害越重；春季萌芽越早，霜冻威胁越大。

早春萌芽时受霜冻，嫩芽或嫩枝变为褐色，鳞片松散而干于枝上；花蕾期和花期受冻，轻霜冻时只将雌花冻死，稍重的可将雄花冻死；幼果受冻轻时，幼胚变为褐色，果实保持绿色，后逐渐脱落，严重时则全果变为褐色，迅速脱落。在生长季短的地区，秋季早霜危害也会使成熟不良的苗木、枝梢、芽眼受冻。

霜冻的发生与外界条件有密切关系，小地形对霜冻的发生有很大影响。空气流通处霜冻较轻。霜冻的程度还决定于温度变化大小、低温强度、持续时间及温度回升快慢等气象因素，温度变化大，温度越低，持续时间越长，受害越重。温度回升慢，受害轻的核桃树还可恢复；如温度骤然回升，则会加重受害。另外，湿度大可缓冲温度变化，靠近大水面或霜前浇水，都可减轻霜冻危害。

3. 冻旱(抽条)　幼龄果树越冬后枝干失水干枯的现象称为冻旱(又称抽条或灼条)，往往相伴发生冻害、日烧。这种现象在我国干寒地区普遍存在，而以西北各省更为严重。

在气温回升、干燥多风、地温还较低的2月中下旬至3月中下旬枝条开始失水皱缩，轻者还可恢复但延迟发芽，而且可随气温的升高而恢复，而重者则失水干枯。

发生冻旱的原因主要有以下几点。

(1)越冬期间不良外界因素　所谓冻旱，就是冬、春期间(主要是早春)由于土壤水分冻结或地温过低，根系不能或极少吸收水分，而地上部枝条的蒸腾强烈，造成植株严重失水的现象。冻旱属生理干旱，是核桃树吸水和失水(蒸腾)不平衡所造成的结果。

当核桃枝条水分含量低于35%时开始发生"抽条"，当含水量降低到25%时，会发生严重的"抽条"。除低温和干燥外，秋季低温的突然来临，低温造成的伤害(枝干冻、分杈冻、冬季日烧等)，也会降低核桃树抗冻旱能力；冬季温度变化过大以及干燥多风都会加剧枝条水分的蒸腾；大青叶蝉(大绿浮尘子)产卵刺破枝条表皮造成伤口过多，也会加剧冬、春蒸腾失水。

(2)核桃树内在因素

①品种特性：枝条皮孔小、总面积少，角质层、木栓层等保护组织发达；枝条内的可溶性糖含量高，休眠期间糖类物质的转化能力强；持水力高，导水力强；呼吸强度低，打破休眠所需时间长以及根系较发达等，都能直接或间接影响到植株本身保持水分和减少水分蒸腾的能力。

②枝条越冬状态：一年生枝越冬时的状态(保持水分的能力)是影响水分蒸腾强弱的关键。幼树营养生长旺盛，秋天不易停止生长，遇到低温来临过早，极易受害。而且，栽培管理直接影响枝条的越冬状态。过度干旱使植株不能正常生长发育；氮肥和秋季水分过多会引起枝条徒长；修剪不当会造成伤口过多和枝条徒长；不良土壤管理会影响根系的生长发育，都会降低核桃树抗冻旱的能力。

4. 日烧　又称日灼，是由太阳照射而引起的生理病害。在我国各地均有发生，尤以北方干寒地带核桃园在干旱的年份发生更多。

日烧因发生时期不同，有冬、春季日烧和夏、秋季日烧 2 种。前者多发生在寒冷地区的核桃树主干和大枝上，常发生在西南面。由于冬、春季白天太阳照射枝干使温度升高，冻结的细胞解冻，而夜间温度突然下降，细胞冻结，冻融交替使皮层细胞受到破坏。多是枝条的阳面受害，树皮变色、横裂成块状斑，严重时韧皮部与木质部脱离，树皮凹陷，日烧部位逐渐干枯、裂开或脱落，枝条死亡。

夏、秋季日烧与干旱和高温有关系。由于温度高、水分不足，蒸腾作用减弱，造成皮层表面局部温度过高而灼伤，严重时可引起局部组织死亡。果实的日烧主要发生在向阳面叶片较少的树冠外围，先在果面出现水烫状斑块，而后渐扩大干枯，甚至裂果。

二、园址选择的标准

核桃生命周期长，盛果期可达 30～50 年，因此要对园地的土质、地势、气候条件等各方面进行调查、论证，以避免不必要的损失。

（一）环境条件

核桃的适应性较强，从北纬 21°～44°，东经 75°～124°都可栽培。垂直分布可达海拔 4 200 米。

1. 温度　温度是影响核桃产量的因子之一，在发展和生产中要注意温度的影响，尤其是对幼龄树，低温时应采取防护措施。铁核桃只适应于亚热带气候条件，耐湿热，不耐干冷。核桃适宜生长的年平均气温为 9℃～16℃，极端最低温度为－25℃，极端最高气温为 38℃，有霜期 150 天以下。核桃在不同发育阶段对温度的要求亦不同。在休眠期，幼树在－20℃条件下可出现冻害，成年树虽能耐－30℃低温，但低于－26℃时，枝条、雄花芽及叶芽均易受冻害。展叶后，如温度降到－4℃，新梢可被冻坏。花期和幼果期，温度下降到－2℃时，核桃受冻减产。如温度超过38℃时，果实易受日灼伤害，核仁不能发育或变黑。

2. 光照　核桃喜光，全年日照时数要在2 000小时以上才能保证核桃的正常发育，特别是雌花开放期，若光照条件好，坐果率明显提高；如遇阴雨，低温，则易造成大量落果。因此，在生产中应注意栽植密度，采用丰产树形和适当修剪，不断改善树冠内的通风透光条件。

3. 土壤　核桃根系庞大，要求土壤深厚，土层厚度要在1米以上才能保证其良好的生长发育，土层薄易形成“小老树”或连年枯梢，不能形成产量，严重的可导致核桃树整株死亡。土壤pH值适宜范围是6.2～8.2，最适pH 6.5～7.5。土壤含盐量宜在0.25%以下，稍微超过即对生长结实有影响；氯酸盐比硫酸盐危害更大。

4. 水分　核桃耐干燥的空气，对土壤水分状况比较敏感。土壤过旱或过湿，均不利于核桃的生长和结实。早实型核桃在降水量600毫米以上的地区易染病害。

（二）选择原则

第一，建园地点的气候条件要符合计划发展的核桃品种生长发育的要求。

第二，地形应选择背风向阳的山丘缓坡地、平地及排水良好的沟坪地。土层厚度应在1米以上；pH 6.5～7.5；地下水位应在地表2米以下。

第三，排灌方便，特别是早实品种密植丰产园应达到旱能灌溉，涝能排水的要求。

第四，注意园地的前茬树种，在柳树、杨树、槐树生长过的地方栽植核桃，易染根腐病，应尽量避开。还应注意环境污染问题。

选择具有适宜核桃生长发育的自然条件，生产潜力大，产品质量优，投资产生的效益高；土地资源丰富，在不与粮争地的情况下，较集中，栽培适于集约化生产；技术力量雄厚，具有大规模发展品种核桃生产的能力，具有先进的栽培技术装备；具有高产、优质、抗逆性强、商品价值高的良种资源，能适销国内外市场的需求。

三、园地规划与建设

园地规划设计是一项综合性工作，在划区时应根据核桃的生长发育特性，选择适当的栽培条件，以满足核桃正常生长发育的要求。对于那些条件较差的地区，要充分研究当地土壤、肥水、气候等方面的特点，采取相应措施，改善环境，在规划的过程中，逐步加以解决和完善。

（一）规划设计原则

规划设计应根据建园方针、经营方向和要求，结合当地自然条件、物质条件、技术条件等综合考虑，进行整体规划。要因地制宜选择丰产、优质、抗性强的品种，依品种特性确定品种配置及栽植方式，相关交通运输、排灌、栽植、施肥等工作，必须有利于实行机械化管理。做好排灌系统，达到旱能灌、涝能排；注意栽植前核桃园土壤的改良，为核桃的良好生长发育打下基础；规划设计中应把小区、路、林、排、灌等协调起来，节约用地，使核桃树的占地面积不少于85%；合理间作，以园养园，实现可持续发展。初建园期应充分利用果粮、果药、果果间作等的效益，以短养长，早得收益。

(二)栽培模式设置

核桃的栽培方式主要有3种。一是集约化园林式栽培,无论幼树期是否间作,到成龄树时均成为纯核桃园。二是立体间作式栽培,即核桃与农作物或其他果树、药用植物等长期间作,此种栽培方式能充分利用空间和光能,且有利于提高核桃的生长和结果,经济效益快而高。三是利用沟边、路旁或庭院等闲散土地的零星栽植,也是我国发展核桃生产不可忽视的重要方面。

在3种栽培方式中,零星栽培只要园地符合要求,并进行适当的品种配置即可。而其他两种栽培方式,在定植前,均要根据具体情况进行周密的调查和规划设计。

1. 划分作业区 作业区为核桃园的基本生产单位。形状、大小、方向都应与当地的地形、土壤条件及气候特点相适应,要与园内道路系统、排灌系统及水土保持工程的规划设计相互配合协调。为减少和防止水土流失,依自然流域划定作业区。平地作业区的长边应与当地风害的方向垂直,以减少风害。山地作业区的长边应与等高线的走向相一致,以提高工作效率。同时,要保持作业区内的土壤、光照、气候条件的相对一致。以利于水土保持工作和排灌系统的规划。

2. 设置防护林 防护林主要是防止风、沙、旱、寒的危害和侵袭,减低风速,减少土壤水分蒸发,调节温度,还具有防止土壤冲刷,减少水土流失,涵养水源的作用。应尽量利用分水岭及沟边栽植。

防护林树种选择,应尽量就地取材,选用风土适应性强、生长速度快、寿命长、树冠高、枝多冠密、与核桃无共同病虫害,并有一定经济价值的树种。

3. 设置排灌系统 排灌系统是核桃园科学、高效、安全生产的重要组成部分。山地干旱地区核桃园,可结合水土保持,尽量保蓄雨水，以满足核桃树生长发育的需求。平地核桃园，除满足灌溉外，对于易于渍涝的低洼地带，要设置排水系统，包括干渠、支渠和园内灌水沟等，以保证核桃生长发育所需水量，并将多余的水及时排出，保证其正常生长。

4. 品种配置　选择具有良好的商品性状和较强的适应能力的品种。核桃具有雌雄异熟、风媒传粉、传粉距离短及坐果率差异较大等特性，为了提供良好的授粉条件，最好选用 2～3 个主栽品种，而且能互相授粉。专门配置授粉树时，可按每 4～5 行主栽品种，配置一行授粉品种。山地梯田栽植时，可以根据梯田面的宽度，配置一定比例的授粉树，原则上主栽品种与授粉品种比例不低于 8∶1 为宜。授粉品种也应具有较高的商品价值。

5. 栽植密度　核桃栽植密度应根据当地条件、栽培品种和管理水平而定，栽培在土层深厚，肥力较高的条件下，树冠较大，株行距也应大些，晚实核桃可采用 6 米×8 米或 8 米×9 米，早实核桃可采用 4 米×5 米或 4 米×6 米，也可采用 3 米×3 米或 4 米×4 米的计划密植形式，当树冠郁闭光照不良时，可有计划地间伐成 6 米×6 米或 8 米×8 米。

对于栽植在耕地田埂、坝堰，以种植作物为主，实行果粮间作的核桃园，间作密度可采用株行距为 6 米×12 米或 8 米×9 米。山地栽植以梯田宽度为准，一般 1 个台面 1 行，台面宽于 20 米的可栽植 2 行，台面宽度小于 8 米时，隔台 1 行，株距一般为晚实核桃 5～8 米，早实核桃 4～6 米。

四、标准化整地

(一)土壤准备

在平整土地、修建梯田、建好水土保持工程的基础上，按预定的栽植设计挖栽植穴，一般在栽植前一年的秋季挖好，使心土有一定熟化的时间。栽植穴的深度和直径为1米以上。密植园可挖栽植沟，沟深与沟宽为1米。无论穴植或沟植，都应将表土与心土分开堆放。沙地栽植，应混合适量黏土或腐熟秸秆以改良土壤结构；在黏重土壤或下层为砾石的土壤上栽植，应扩大定植穴，并采用客土、掺沙、增施有机肥、填充草皮土或表面土的方法来改良土壤；山陵地土层浅薄的果园，可用定点或定线放"闷炮"的形式爆破，以增土层。定植穴挖好后，将表土、有机肥和化肥混合后回填，每定植穴施优质农家肥30～50千克，磷肥3～5千克，然后浇水沉实。地下水位高或低湿地果园，应先降低水位，改善全园排水状况，再挖定植沟或定植穴。

(二)肥料贮备

肥料是核桃生长发育良好的物质基础。特别是有机肥所含的营养比较全面，不仅含核桃生长所需的营养元素，还可提高土壤腐殖质，增加土壤孔隙度，改善土壤结构，提高土壤的保水和保肥能力。在核桃栽植时，施入适量有机基肥，能有效促进核桃的生长发育，提高树体的抗逆性和适应性。如果同时加入适量的磷肥和氮肥作基肥，效果更显著。在苗木定植前，可按每株50～100千克或每公顷30～60吨的数量准备有机肥，按每株3～5千克准备磷肥。如果以秸秆为基肥，应施入适量的氮肥。

五、苗木定植

(一)苗木准备

苗木质量直接关系到建园的成败。苗木要求品种准确，主根及侧根完整，无病虫害。苗木长途运输时应注意保湿、避免风吹、日晒、冻害及霉烂。

(二)栽植时间

核桃的栽植时间分为春栽和秋栽 2 种。北方核桃以春栽为宜，特别是芽接苗，一定要在春天定植，时间在土壤解冻至发芽前。秋栽时，应注意幼树防寒。

(三)定　植

栽植以前，将苗木的伤根、烂根剪除后，用泥浆蘸根，使根系吸足水分，以利成活。定植穴挖好以后，将表土和土粪混合填入坑底，然后将苗木放入，舒展根系，分层填土踏实，培土至与地面相平，全面踏实后，打出树盘，充分浇水，待水渗下后，用土封好。苗木栽植深度可略超过原苗木根径 5 厘米，栽后 7 天再浇水 1 次。

可通过挖大穴，以保证苗木根系舒展；在灌溉困难的园地，树盘用地膜覆盖不仅可防旱保墒，而且可增加地温，促进根系再生恢复；防治病虫害，早春金龟子吃嫩叶、芽，故应特别注意。北方部分地区，可在越冬前 2～3 年的核桃枝条上涂抹动物油，有一定的防寒作用。这些均可有效提高定植成活率。

(四)植后管理

为了保证苗木栽植成活，促进幼树生长，应加强栽后管理。管理内容主要包括施肥浇水、幼树防抽条、检查成活情况及苗木补植和幼树定干等。

1. 施肥浇水　栽植后 2 周应再浇 1 次透水，可提高栽植成活率。如遇高温或干旱还应及时灌溉。栽植灌水后，也可地膜覆盖树盘，以减少土壤蒸发。在生长季，结合浇水可追施适量化肥，前期以追施氮肥为主，后期以磷、钾肥为主；也可叶面喷肥。

2. 防幼树抽条　我国华北和西北地区冬季干旱气温较低，栽后2～3年的核桃幼树，经常发生“抽条”现象，而且地理纬度越靠北，“抽条”越严重。

防治的根本措施是提高树体自身的抗冻性和抗“抽条”能力。加强水肥管理，按照前促后控的原则，7月份以前以施氮肥为主，7月份以后以磷肥为主，并适当控制灌水。在8月中旬以后，对正在生长的新梢进行多次摘心并开张角度或喷布1 000～1 500毫克/千克的多效唑溶液，可有效控制枝条旺长，增加树体的营养贮藏和抗性。入冬前浇1次冻水，提高土壤的含水量，减少“抽条”的发生。

1～2年生的幼树防抽条最安全的方法是在土壤结冻前，将苗木弯倒全部埋入土中，覆土30～40厘米，翌年萌芽前再把幼树扶出扶直。不易弯倒的幼树，涂刷10倍聚乙烯醇胶液，也可树干绑秸秆、涂白，减少核桃枝条水分的损失，避免“抽条”发生。

3. 检查成活情况并及时补苗 春季萌发展叶后，应及时检查苗木的成活情况，对未成活的植株，应及时补植同一品种的苗木。

4. 幼树定干 栽植已成活的幼树，如果够定干高度，要及时进行定干。定干高度要依据品种特性、栽培方式及土壤和环境等条件而确定，早实核桃的树冠较小，定干高度一般为1～1.2米为宜；晚实核桃的树冠较大，定干高度一般为1.2～1.5米；有间作物时，定干高度为1.5～2米。栽植于山地或坡地的晚实核桃，由于土层较薄，肥力较差，定干高度可在1～1.2米。

为了促进幼树的生长发育，应及时进行人工除草，加强病虫防治及土壤管理等。

六、低产园改造

(一)低产的原因

1. 品种化栽培程度低 我国绝大多数核桃是20世纪60～80

年代发展起来的，树龄在20～30年，且当时所发展的核桃几乎都是实生核桃。近几年新发展的核桃园，仍有一部分是实生核桃。由于缺乏优良品种，造成结果晚、产量低、品质差。实生繁殖，缺乏大面积品种化栽培是造成我国核桃低产的根本原因。

2. 地域不适宜　从我国大面积的核桃栽培情况来看，很多核桃园建在土层只有30～40厘米厚的山岭薄地上，由于土层较薄、土壤肥力较差，导致大部分植株生长不良或形成“小老树”，导致产量甚低。

3. 放任生长、技术落后　我国核桃生产普遍存在管理粗放甚至放任生长的现象，这是导致核桃低产的另一主要原因。突出表现在两个方面：一是栽植过密，造成过早郁闭，园内和冠内通风透光不良，不仅结果部位外移而且影响树体正常生长发育和花芽分化，严重影响了核桃的产量；二是技术不配套，栽培水平低下，导致树体结构紊乱、枝条密挤、病虫害严重、缺肥少水，严重影响了核桃树体的发育和产量的提高。

(二)低产园改造的措施

1. 高接换优　是利用高接技术把低产实生树改换成早实、丰产、优质的优良品种，以提高核桃园的产量和效益。

2. 改善土壤和光照条件　对于土壤条件较差、水土流失严重的山地核桃园，应首先通过修筑梯田、撩壕、挖鱼鳞坑等工程，结合种植绿肥作物和施入有机肥，改良土壤，控制水土流失，达到蓄水保土的目的。在此基础上，逐年进行土壤深翻、拓宽树盘活土层，改善核桃根系生长条件。树龄较大、放任多年的核桃树，应通过适当间伐或修剪，调整树体结构，改善光照条件，培养合理的结果枝组，达到立体结果。同时，加强土肥水管理，增厚活土层，及时控制病虫危害，逐步达到高产优质。

思考题

1. 核桃冻害有哪几种类型？外部表现形态如何？
2. 如何选择核桃园栽植地点？
3. 核桃园建立后，应注意哪几方面的管理？
4. 造成核桃园低产园的原因有哪几个方面？如何进行改造？

第六章 土肥水管理技术

一、土壤管理

(一)深翻改土

1. 深翻的作用 深翻结合施肥,可改善土壤结构和理化性状,促使土壤团粒结构形成。深翻可加深土壤耕作层,给根系生长创造良好条件,促使根系向纵深伸展,根类、根量均显著增加。深翻促进根系生长,是因深翻后土壤中水、肥、气、热得以改善所致。树体健壮、新梢长、叶色浓,可提高产量。

2. 深翻时期

(1)秋季深翻 一般在果实采收前后结合秋施基肥进行。此时地上部生长较慢,养分开始积累;深翻后正值根系秋季生长高峰,伤口容易愈合,并可长出新根。如结合灌水,可使土粒与根系迅速密接,有利于根系生长。因此秋季是核桃园深翻较好的时间。

(2)春季深翻 应在解冻后及早进行。此时地上部尚处于休眠期,根系刚开始活动,生长较缓慢,伤根容易愈合和再生。春季土壤化冻后,土壤水分向上移动,土质疏松,操作省工。北方多春旱,翻后需及时灌水。早春多风地区,蒸发量大,深翻过程中应及时覆盖根系,免受旱害。风大干旱缺水和寒冷地区,不宜春翻。

(3)夏季深翻 最好在根系前期生长高峰过后、北方雨季来临前后进行。深翻后降雨可使土粒与根系密接,不致发生吊根或失水现象;雨后深翻可减少灌水,土壤松软,操作省工。但夏季深翻如果伤根过多,易引起落果,故一般结果大树不宜在夏季深翻。

(4)冬季深翻　入冬后至土壤上冻前进行,操作时间较长。但要及时盖土以免冻根。如墒情不好,应及时灌水,使土壤下沉,防止冷风冻根。北方寒冷地区一般不进行冬翻。

3. 深翻深度　深翻深度以比核桃树主要根系分布层稍深为度,并考虑土壤结构和土质。如山地土层薄,下部为半风化的岩石,或滩地在浅层有砾石层或黏土夹层,或土质较黏重等,深翻的深度一般要求达到80～100厘米。

4. 深翻方式

(1)深翻扩穴　幼树定植数年后,再逐年向外深翻扩大栽植穴,直至株行间全部翻遍为止,适合劳力较少的果园。但每次深翻范围小,需3～4次才能完成全园深翻。每次深翻可结合施有机肥料于沟底。

(2)隔行深翻　即隔一行翻一行。山地和平地果园因栽植方式不同,深翻方式也有差别。等高撩壕的坡地果园和里高外低的梯田果园,第一次先在下半行给予较浅的深翻施肥,下一次在上半行深翻把土压在下半行上,同时施有机肥料。这种深翻应与修整梯田等相结合。平地果园可随机隔行深翻,分两次完成。每次只伤一侧根系,对核桃生育的影响较小。行间深翻便于机械化操作。

(3)全园深翻　将栽植穴以外的土壤一次深翻完毕。这种方法一次需劳力较多,但翻后便于平整土地,有利于果园耕作。

上述几种深翻方式,应根据果园的具体情况灵活运用。一般小树根量较少,一次深翻伤根不多,对树体影响不大。成年树根系已布满全园。以采用隔行深翻为宜。深翻要结合灌水,也要注意排水。山地果园应根据坡度及面积大小等决定。总而言之,以便于操作、有利于核桃生长为原则。

(二)培土(压土)与掺沙

培土的方法是把土块均匀分布全园,经晾晒打碎,通过耕作把所培的土与原来的土壤逐步混合起来，具有增厚土层、保护根系、增加营养、改良土壤结构等作用。培土量视植株大小、土源、劳力等条件而定。但一次培土不宜太厚，以免影响根系生长。压土掺沙的时期，北方寒冷地区一般在晚秋至初冬进行，可起保温防冻、积雪保墒的作用。压土掺沙后，土壤熟化、沉实，有利于核桃的生长发育。压土厚度要适宜，过薄起不到压土作用，过厚对核桃生育不利，"沙压黏"或"黏压沙"时一定要薄一些，一般厚度为5～10厘米；压半风化石块可厚些，但不要超过15厘米。连续多年压土，土层过厚会抑制核桃根系呼吸，从而影响核桃生长和发育，造成根颈腐烂，树势衰弱。所以，一般在果园压土或放淤时，为了防止对根系的不良影响应将根颈露出。

(三)盐碱土壤改良

土壤的酸碱度可影响核桃根系生长。核桃适应微碱性土壤，在含盐0.25%的盐碱地普通核桃根系生长不良，且易发生缺素症，树体易早衰，即因含盐量大影响根吸收造成；野核桃杂交种较耐盐碱，在含盐0.4%的盐碱地上仍可正常生长。因此，在盐碱地栽核桃树必须进行土壤改良，选择抗盐砧木类型。

1. 设置排灌系统　改良盐碱地主要措施之一是引淡洗盐。在果园顺行间每隔20～40米挖一道排水沟，一般沟深1米，上宽1.5米，底宽0.5～1米。排水沟与较大较深的排水支渠及排水干渠相连，使盐碱能排除园外。园内能定期引淡水进行灌溉，达到灌水洗盐的目的。至达到要求含盐量(0.1%)后，应注意生长期灌水压碱、中耕、覆盖、排水，防止盐碱上升。

2. 深耕施有机肥　有机肥料除含核桃树所需要的营养物质外，对碱能起到中和作用，有机质可改良土壤理化性，促进团粒结构的形成，提高土壤肥力，减少蒸发，防止返碱。

3. 地面覆盖　地面铺沙、盖草或其他物质，可防止盐碱上升。

4. 营造防护林和种植绿肥作物 防护林可降低风速,减少地面蒸发,防止土壤返碱。种植绿肥作物除增加土壤有机质、改善土壤理化性质外,还可减少土壤蒸发,抑制盐碱上升。如果能结合排水洗碱,效果更好。

5. 勤中耕 中耕可以减少土壤蒸发,防止盐碱上升。此外,施用石膏等对碱土改良也有一定的作用。

6. 应用土壤结构改良剂 近年不少国家已开始应用土壤结构改良剂提高土壤肥力。土壤结构改良剂分有机、无机以及无机—有机3种。这些物质可改良土壤理化性状及生物学活性,能保护根层,防止水土流失,提高土壤透水性,减少地面径流,固定流沙,加固渠壁,防止渗漏,调节土壤酸碱度等。

(四)中耕除草

中耕和除草是两项措施,中耕的主要目的在于清除杂草,以减少水分、养分的消耗。中耕次数应根据当地气候特点、杂草多少而定,在杂草出苗期和结籽前除草效果较好,能消灭大量杂草,减少除草次数。中耕的深度一般6～10厘米,过深伤根,对核桃树生长不利,过浅起不到中耕应有的作用。

1. 生草栽培制 除树盘外,在核桃树行间播种禾本科、豆科等草种叫做生草法。生草法在土壤水分条件较好的果园采用。选择优良草种,关键时期补充肥水,刈割覆于地面。在缺乏有机质,土层较深厚,水土易流失的果园,是较好的土壤管理方法。

生草后土壤不必耕锄,土壤管理较省工。生草可以减少土壤冲刷,遗留在土壤中的草根,增加了土壤有机质,改善土壤理化性状。在雨季草类用掉土壤中过多水分、养分,可促进果实成熟和枝条充实,提高果实品质。生草可提高核桃树对钾和磷的吸收,减少核桃缺钾、缺铁症的发生。

长期生草的果园易使表层土板结,草根系强大,与核桃争夺水肥的矛盾加大，要加以控制。果园采用生草法管理，可通过调节割草周期和增施矿质肥料等措施改善。

2. 清耕—覆盖作物制　在核桃需肥水最多的生长前期保持清耕，后期或雨季种植覆盖作物，作物长成后，适时翻入土壤中做绿肥，这种方法称为清耕覆盖法。兼有清耕法与生草法的优点，同时减轻了两者的缺点。前期清耕可熟化土壤，保蓄水分、养分，供给核桃需要，具有清耕法管理土壤的优点；后期播种间作物，可吸收利用土壤中过多的水肥，有利于果实成熟，提高品质，并可以防止水土流失，增加有机质，则具有生草法的某些优点。

3. 覆盖制　是在树冠下或稍远处覆以杂草、秸秆等。一般覆草厚度约 10 厘米，覆后逐年腐烂减少，要不断补充新草。平地或山地果园均可采用。

4. 间作制　幼园核桃树体间空地较多可间作。间作可形成生物群体，群体间可互相依存，还可改善微区气候，有利于幼树生长，提高土地利用率。合理间作既充分利用光能，又可增加土壤有机质，还可抑制杂草生长、减少蒸发和水土流失、防风固沙、缩小地面温变幅度、改善生态条件的作用。

在不影响核桃树的生长发育前提下可种植间作物。种植后，要加强树盘肥水管理。尤其是在作物与树竞争养分剧烈的时期，要及时施肥灌水。间作物要与树保持一定距离，避免其根系与树根系交叉，加剧争肥争水的矛盾。

间作物植株矮小，生育期较短，适应性强，与树需水临界期尽量错开。在北方没有灌溉条件的果园，耗水量多的宽叶作物（如大豆）可适当推迟播种期。并根据各地具体条件制定间作物的轮作制度，避免连作。

5. 免耕制　又称最少耕作法。主要利用除草剂防除杂草，不进行土壤耕作。这种方法具有保持土壤自然结构，节省劳动力，降低成本等优点。免耕法地表容易形成一层硬壳，这层硬壳在干旱气候条件下变成龟裂块，在湿润条件下长一层青苔。但在表面形成的硬壳并不向深层发展，故而能维系土壤自然结构。免耕法果园无杂草，减少水分消耗。土壤中有机质含量比耕作区高，比生草法低。免耕法表层土壤结构坚实，便于果园各项操作及果园机械化。

从长远看，免耕法比清耕法土壤结构好。随着杂草种子密度的减少，除草剂的使用量也随之减少，土壤管理成本降低。但以土层深厚、土质较好的果园采用较好，尤以在潮湿地区刈草与耕作均存在一定困难，应用除草剂除草较为有利。核桃幼树对除草剂敏感，使用除草剂时要特别注意。

二、施肥管理

(一)施肥时期

基肥的施入时期可在春、秋两季进行，最好在采收后到落叶前施入基肥，此时土温较高，不但有利于伤根愈合和新根形成与生长，而且有利于有机肥料的分解和吸收，对提高树体营养水平，促进翌年花芽分化和生长发育均有明显效果。

追肥一般每年进行 2～3 次，第一次在核桃开花前或展叶初期进行，以速效氮为主，主要作用是促进开花坐果和新梢生长，追肥量应占全年追肥量的 50%。第二次在幼果发育期(6 月份)，仍以速效氮为主，盛果期树也可追施氮、磷、钾复合肥料；此期追肥主要作用是促进果实发育，减少落果，促进新梢的生长和木质化程度的提高以及花芽分化，追肥量占全年追肥量的 30%。第三次在坚果硬核期(7 月份)，以氮、磷、钾复合肥为主，主要作用是供给核桃仁发育所需的养分，保证坚果充实饱满，此期追肥量占全年追肥量的 20%。

(二)肥料种类

基肥一般为经过腐熟的有机肥料,如厩肥、堆肥等,能够在较长时间内持续供给树体生长发育所需要的养分,并能在一定程度上改良土壤性质。追肥以速效性无机肥料为主,根据树体需要,在生长期中施入,以补充基肥的不足;其主要作用是满足某一生长阶段核桃对养分的大量需求。

1. 有机肥料　主要是农家肥料,大都是完全肥料,它不但具有核桃生长发育所必需的各种元素,而且还含有丰富的有机物。有机肥料分解慢,肥效长,养分不易流失。施入土壤后能改善核桃营养情况,调节土壤微生物活动。

有机肥料种类繁多,来源广,数量大,如厩肥、粪肥、饼肥、堆肥、泥土肥、熏肥、绿肥,其中以猪圈肥、人粪尿、堆沤肥、绿肥为最多。

2. 无机肥料　又称矿质肥,是由矿藏的开采、加工或者由工厂直接合成生产的,也有一些属于工业的副产物。无机肥料有诸多特性:养分含量较高,便于运输、贮藏和施用,施用量少,肥效显著;营养成分比较单一,一般仅含一种或几种主要营养元素,易造成营养不平衡,应配合其他无机肥料或有机肥料施用;肥效迅速,一般 3～5 天即可见效,但后效短。无机肥料多为水溶性或弱酸溶性,施用后很快转入土壤溶液,可直接被植物吸收利用,但也易造成流失。

3. 绿肥　将绿色植物的青嫩部分,经过刈割或直接翻入土中作肥料的,均称为绿肥。绿肥产量高,组织幼嫩,磷氮比较小,分解快,肥效显著;根系吸收能力强,可吸收利用难溶性矿物质,在根系残体转化时能聚集多糖和腐殖质,可改善土壤结构。豆科绿肥植物具有根瘤,可以固定大气中的氮,每年每 667 平方米增加 2～7.5 千克氮素,有时高达 11.25 千克。绿肥植物可以吸收保存苗木或幼树多余的速效营养，以避免淋失。绿肥植物还有遮阳、固沙、保土、防止杂草生长以及提供饲料等作用。

（三）施肥量的确定

确定施肥量的主要依据是土壤的肥力水平，核桃生长状况以及不同时期核桃对养分的需求变化等。一般幼树需氮较多，对磷、钾肥的需求量较少，进入结果期后，对磷、钾肥的需求量增加，所以幼树以施氮肥为主，成年树在施氮肥的同时，注意增施磷、钾肥（表3）。

表3 核桃树施肥量标准

时期	树龄（年）	每株树平均施肥量（有效成分）（克）			有机肥（千克）
		氮	磷	钾	
幼树期	1～3	50	20	20	5
	4～6	100	40	50	5
结果初期	7～10	200	100	100	10
	11～15	400	200	200	20
盛果期限	16～20	600	400	400	30
	21～30	800	600	600	40
	≥30	1200	1000	1000	≥50

（四）施肥方法

1. 辐射状施肥 以树干为中心，距树干1～1.5米处，沿水平根方向，向外挖4～6条辐射状施肥沟，沟宽40～50厘米，沟深30～40厘米，沟由里到外逐渐加深，沟长随树冠大小而定，一般为1～2米。肥料均匀施入沟内，埋好即可。施基肥要深，施追肥可浅些。每次施肥，应错开开沟位置，扩大施肥面。此法对5年生以上幼树较常用。

2. 环状施肥　沿树冠边缘挖环状沟，沟宽40～50厘米，沟深30～40厘米。此法易挖断水平根，且施肥范围小，适用于4年生以下的幼树。

3. 穴状施肥　多用于施追肥。以树干为中心，从树冠半径的1/2处开始，挖成若干个小穴，穴的分布要均匀，将肥料施入穴中埋好即可。亦可在树冠边缘至树冠半径1/2处的施肥圈内，在各个方位挖成若干不规则的施肥小穴，施入肥料后埋土。

4. 条状沟施　在树冠外缘相对两侧开沟，沟宽40～50厘米，沟深30～40厘米，沟长随树冠大小而定。翌年的挖沟位置可调换到另两侧。此法适用于幼树或成年树。

5. 根外追肥　特别是在树体出现缺素症时，或为了补充某些容易被土壤固定的元素，通过根外追肥可以收到良好的效果，对缺水少肥地区尤为实用。叶面追肥的种类和浓度，尿素0.3%～0.5%，过磷酸钙0.5%～1%，硫酸钾0.2%～0.3%，硼酸0.1%～0.2%，硫酸铜0.3%～0.5%。总的原则是，生长前期应施稀肥，后期可施浓肥。喷肥应在上午10时以前和下午3时后进行，阴雨或大风天气不宜喷肥。注意叶面喷肥不能代替土壤施肥，二者结合才能取得良好效果。实际应用时，尤其在混用农药时，应先做小规模试验，以避免发生药害。

(五)营养诊断与配方施肥

所谓核桃的营养诊断，就是根据树体和土壤的营养状况进行化学或形态分析，据此判断核桃营养盈亏状况，从而指导施肥。

在实际生产中，常常见到核桃树体缺乏某种或数种营养元素，出现缺素症，如缺铁失绿症、缺锌小叶症等；有时由于某些元素过多，也可导致树体发育不良，如锰元素过多会引起树皮疱疹、氯过多会引起盐害等。这说明核桃树体营养并不是越多越好，而是要求各营养元素在核桃树体中保持一定的生理平衡。因此，要根据树体和土壤的营养实际情况，有目的地施肥。

1. 形态诊断 即通过树体外观表现，对核桃的营养状况进行客观判断，形态诊断是一种简便易行的方法。由于核桃缺乏某种元素，一般会在形态上表现出来，即所谓缺素症，由于这种症状与内在营养失调有密切联系，因而是形态诊断的依据。

(1)缺铜 铜是叶绿体中质体蓝素的组成部分，它对光合作用有重要影响。核桃缺铜，初期叶片呈暗绿色，后期发生斑点状失绿，叶边缘焦枯，好像被烧伤，有时出现与叶边平行的橙褐色条纹，严重缺铜时枝条出现弯曲。

核桃缺铜常发生在碱性土、石灰性土和沙质土地区，大量施用氮肥和磷肥可能引起核桃缺铜。生产上施用铜肥或叶面喷波尔多液等方法都能防治或兼治缺铜症。花后 6 月底以前喷 0.05%硫酸铜溶液效果也佳。

(2)缺钼 核桃缺钼首先表现在老叶上，最初在叶脉间出现黄绿色或橙色斑点，而后分布在全部叶片上。与缺氮不同的是只在叶脉间失绿，而不是全叶变黄，以后叶片边缘卷曲、干萎，最后坏死。

施用钼肥，如钼酸铵或钼酸钠可防治核桃缺钼。花后喷 0.3%～0.6%钼酸铵溶液 1～3 次亦有效。

(3)缺氮或氮素过量 核桃轻度缺氮时叶色呈黄绿色，严重缺氮时为黄色，叶片较早停止生长，叶片显著变小。树体内氮素能从老叶转移到嫩叶。所以严重缺氮时，新梢基部老叶逐渐失绿变为黄色，并不断向新梢顶端发展，使新梢嫩叶也变为黄色，同时新生的叶片叶型变小，叶柄与枝条成钝角，枝条细长而硬，皮色呈淡红褐色。

核桃氮素过量时，新梢生长旺盛甚至徒长，叶片大而薄，不易脱落，新梢停止生长延迟，营养积累差，不能充分进行花芽分化，枝条组织成熟差，抗旱力减弱。

(4)缺磷或磷素过量 核桃对磷的需要量比氮、钾少,虽然核桃缺磷不像缺氮在形态上表现那么明显,但树体的代谢过程会受到不同程度的抑制。核桃缺磷时,叶色呈暗绿色,如同氮肥施用过多,新梢生长很慢,新生叶片较小,枝条明显变细,而且分支少。叶柄及叶背的叶脉呈紫红色,叶柄与枝条成钝角。根系发育不良、矮化。

磷过量会增强核桃的呼吸作用,消耗大量糖分,从而使茎、叶生长受到抑制。另外,磷素过多时,水溶性磷酸盐可与土壤中锌、铁、镁等元素生成溶解度较小的化合物,从而降低其有效性,使核桃表现出缺锌、缺铁、缺镁等症状。

(5)缺钾 核桃体内钾的流动性很强,核桃缺钾症状一般表现在生长中期以后。轻度缺钾与轻度缺氮的症状相似,叶片呈黄绿色,枝条细长呈深黄色或红黄色。严重缺钾时,新梢中部或下部老龄叶片边缘附近出现暗紫色病变,夏季几小时即枯焦,使叶片出现焦边现象,而后病变为茶褐色,使叶片皱缩卷曲。

2. 叶片分析诊断 通常是在形态诊断的基础上进行。特别是某种元素缺乏而未表现出典型症状时,需进一步确诊。一般说,叶片是核桃营养状况最直接的反应,诊断结果准确可靠。叶片分析方法是用植株叶片元素的含量与事先经过试验研究拟定的临界含量或指标(即核桃叶片各种元素含量标准值)相比较,用以确定某些元素的缺乏或失调。

(1)样品采集 进行叶片分析需采集分析样品,对于核桃树取带叶柄的叶片。核桃树取新梢具有 5、9、13 或 17 个小叶的叶片中部的 1 对小叶。取样时要照顾到树冠四周方位。取样的时间,核桃树在盛花后 6～8 周取样。取样数量,混合叶样不少于 100 片。

(2)样品处理 采集的样品装在塑料袋中,低温条件下迅速带回试验室,并立即洗涤。洗涤液配法是用洗涤剂或洗衣粉配成 0.1%的水溶液。取一块脱脂棉用竹镊子夹住轻轻擦洗,动作要快，洗几片拿几片，不要全部倒在水中，叶柄顶端最好不要浸在水中，以免养分淋失。如果叶片上有农药或肥料，应在洗涤剂中加入盐酸，配成 0.1 当量的盐酸洗涤剂溶液进行清洗；也可先用洗涤剂洗涤，然后用 0.1 当量的盐酸洗。从洗涤剂中取出的叶片，立即用清水冲掉洗涤剂。

取相互比较的样品时，要从品种、砧木、树龄、树势、生长量等立地条件相对一致的树上取样，不取有病虫害或破损不正常的叶片；取到的样品要按田间编号、样品号、样品名称、取样地点、取样日期和取样部位等填写标签。

3. 施肥诊断 在形态诊断和叶片分析诊断的基础上，最后确诊可用施肥诊断的方法，即设置施肥处理和不施肥处理，经过一段时间观察，如果缺素症状消失，表明诊断正确。

三、水分管理

核桃树枝、叶、根中的水占 50%左右，参与叶片光合作用，以及光合产物的运送和积累；维持细胞膨胀压，保证气孔开闭；蒸腾散失水分，调节树体温度；矿质元素进入树体等，一切生命活动都必须在有水的条件下进行。水分丰缺状况是影响树体生长发育进程、制约产量高低及质量优劣的重要因素。

核桃树年周期中，果实发育期和硬核期需要较多的水分，供水不足会引起大量落果，核仁不饱满，影响产量和品质。

需要有充足的水分供应。缺水，则萌芽晚或发芽不整齐，开花坐果率低，新梢生长受阻，叶片小，新梢短，树势弱。年降水量为 600 毫米以上，可基本满足普通核桃的需要。季节降水很不均匀，有春旱的地区，必须设法灌溉。新梢停止生长，进入花芽分化期，需水量相对减少，此时水多对花芽分化不利；果实发育期间要求供水均匀，临近成熟期水分忽多忽少，会导致品质下降、采前落果；生长后期枝条充实、果实体积增大，也需要适宜的水分，干旱影响营养物质的转化和积累，降低越冬能力。

核桃树所需之水来源于土壤，表示土壤水分丰缺常用的指标是田间持水量。当土壤含水量为田间最大持水量的60%左右时，对核桃树的生长最适宜。若水分含量达到了田间最大持水量，说明土壤的有效水已经超过上限，常出现徒长等湿害现象，甚至死亡。当核桃树从土壤中吸收的水不足蒸腾消耗时，枝叶暂时萎蔫，此时的土壤水分含量降至凋萎点（萎蔫系数），为土壤有效水的下限，需给果树补水，一般果园在含水量降至田间持水量的50%左右时即需灌溉。如果长时间发生凋萎现象，树体已经受害，果实产量和质量降低，再供水也无济于事。

（一）灌水方式

1. 地面灌溉

（1）浸灌法　最为常用的方法。在水源充足的果园，在园边或几行树间修筑较高的畦埂，通过明沟把水引入果园。地面灌溉灌水量大，湿润程度不匀。这种方法灌水过多，加剧了土壤中的水、气矛盾，对土壤结构也有破坏作用。在低洼及盐碱地，还有抬高地下水位，使土壤泛碱的弊端。

（2）畦灌　以单株或一行树为单位筑畦，通过多级水沟把水引入树盘进行灌溉。畦灌用水量较少，也比较好管理，有漫灌的缺点，只是程度较轻。在山区梯田、坡地则树盘灌溉普遍采用此法。

（3）穴灌　是节水灌溉，即根据树冠大小，在树冠投影范围内开6～8个直径25～30厘米、深20～30厘米的穴，将水注入穴中，待水渗后埋土保墒。在灌过水的穴上覆盖地膜或杂草，保墒效果更好。

（4）沟灌　是地面灌溉中较好的方法。即在核桃行间开沟，把水引入沟中，靠渗透湿润根际土壤。既节省灌溉用水，又不破坏土壤结构。灌水沟的多少以栽植密度而定，在稀植条件下，每隔1～1.5米开1条沟，宽50厘米、深30厘米左右。密植园可在两行树之间只开1条沟。灌水后平沟整地。

2. 地下灌溉(管道灌溉) 借助于地下管道，把水引入深层土壤，通过毛管作用逐渐湿润根系周围。用水经济，节省土地，不影响地面耕作。各级管道在园中交织成网状排列，管道埋于地下50厘米处。毛管铺设在行间或株间，管上每隔一段距离留有出水小孔(或其他新材料渗透水)，灌溉时水从小孔渗出湿润土壤。控水枢纽处设有严密的过滤装置，防止泥沙、杂物进入管道。山地果园可把供水池建在高处，依靠自压灌溉；平地果园则需修建水塔，通过机械扬水加压。

3. 喷灌 喷灌节约用水，用水量是地面灌溉的1/4，保护土壤结构。调节果园小气候，清洁叶面，霜冻时还可减轻冻害，炎夏喷灌可降低叶温、气温和土温，防止高温、日灼伤害。应用时可根据土壤质地、湿润程度、风力大小等调节压力、选用喷头及确定喷灌强度，以便达到无渗漏、径流损失，又不破坏土壤结构，同时能均匀湿润土壤的目的。

4. 滴灌 滴灌是一种用水经济、省工、省力的灌溉方法，特别适用于缺少水源的干旱山区及沙地。应用滴灌比喷灌节水36%～50%，比漫灌节水80%～92%。由于供水均匀、持久，根系周围环境稳定，十分有利于果树的生长发育。但滴头易发生堵塞，更换及维修困难。昼夜不停使用滴灌时，使土壤水分过饱和，易造成湿害。滴灌时间应掌握湿润根系集中分布层为度，滴灌间隔期应以核桃生育进程的需求而定。通常在不出现萎蔫现象时，无须过频灌水。

(二)灌水时期及灌水量

1. 灌溉时期 确定果园的灌溉时期，一要根据土壤含水量，二要根据核桃物候期及需水特点。主要是春季萌芽前后、坐果后及采收后3次。另外,还参考土壤实际含水量而确定灌溉期。一般生长期要求土壤含水量低于60%时灌溉;当超过80%时,则需及时中耕散湿或开沟排水。具体实施灌溉时,要分析当时、当地的降水状况、核桃的生育时期和生长发育状况。灌溉还应结合施肥进行。核桃应灌顶凌水和促萌水,并在硬核期、种仁充实期及封冻前灌水。

我国北方地区按照核桃生长发育需要,有以下几个灌水时期:

(1)萌芽水　3～4月份,核桃开始萌动,发芽抽枝,此期物候变化快而短,几乎在1个月的时间里,要完成萌芽、抽枝、展叶和开花等的生长发育过程,此时又正值北方地区春旱少雨时节,故应结合施肥灌水。

(2)花后水　5～6月份,雌花受精后,果实迅速进入速长期,其生长量约占全年生长量的80%。到6月下旬,雌花也开始分化,这段时期需要大量的养分和水分供应。如干旱应及时灌水,以满足果实发育和花芽分化对水分的需求。特别在硬核期(花后6周)前,应灌一次透水,以确保核仁饱满。

(3)采后水　10月末至11月初(落叶前),可结合秋施基肥灌一次水。此次灌水有利于土壤保墒,且能促进厩肥分解,增加冬前树体养分贮备,提高幼树越冬能力,也有利于翌春年萌芽和开花。

2. 灌水量　灌水量的确定,一要根据树体本身的需要,二要看土壤湿度状况,同时要考虑土壤的保水能力及需要湿润的土层深度。王仲春等以苹果为试材,测定了不同土壤种类在水分当量(土壤中的水分含量下降到不能移动时的含水量)附近时的灌水量。生产中可根据对土壤含水量的测定结果,或手测、目测的验墒经验,判断是否需要灌水,其灌水量可参考表4。

表 4 不同土壤种类在水分当量附近时的灌水量 面积(667 平方米)

土壤类别	最低含水量		理想含水量	
	灌水量(米^3)	相当于降水(毫米)	灌水量(米^3)	相当于降水(毫米)
细沙土	18.8	29	81.6	126
砂壤土	24.8	39	81.6	125
壤　土	22.1	34	83.6	129
黏壤土	19.4	30	84.2	130
黏　土	18.1	28	88.8	137

每次灌水以湿润主要根系分布层的土壤为宜,不宜过大或过小,既不造成渗漏浪费,又能使主要根系分布范围内有适宜的含水量和必要的空气。核桃树的根系较深,需湿润较深的土层,在同样立地条件下用水量要大。成龄树需水多,灌水量宜大;幼树和旺树可少灌或不灌。沙地漏水,灌溉宜少量多次;黏土保水力强,可一次适当多灌,加强保墒而减少灌溉次数。盐碱地灌水,注意不要接上地下水。

灌水量(m^3)=灌溉面积(m^2)×土壤浸湿深度(m)×土壤容重×(田间持水量－灌溉前土壤湿度)。

例如:某果园为砂壤土,田间持水量为 36.7%,容重为 1.62,灌溉前根系分布层的土壤湿度为 15%,欲浸湿 60 厘米土层,那么每 667 平方米果园灌水量应该为:140.6m^3[666.6m^2×0.6m×162×(0.367－0.15)=140.6m^3]。

(三)蓄水保墒

土壤含水量适宜且稳定可以促进各种矿物质的均匀转化和吸收,提高肥效。实行穴施肥水,地膜覆盖,是保持土壤含水量,充分利用水源,提高肥效的有效措施。

在瘠薄干旱的山地果园,地膜覆盖与穴贮肥水相结合效果很好。在树盘根系集中分布区挖深40～50厘米、直径40厘米的穴，将优质有机肥约50千克与穴土拌和填入穴中。也可填入一个浸过尿液的草把，浇水后盖上地膜，地膜中心戳一个小洞，用石板盖住，追肥浇水可于洞口浇入肥水(30升左右)，水深入穴中再封严。施肥穴每隔1～2年改动1次位置。

覆盖地膜后，大大减少地面水分蒸发消耗，使土壤造成一个长期稳定的水分环境，有利于微生物活动和肥料的分解利用，起到以水济肥的作用。

(四)防渍排水

果园排水系统由小区内的排水沟、小区边缘的排水支沟和排水干沟3部分组成。排水沟的大小、坡降以及沟与沟之间的距离，要根据地下水位的高低、雨季降雨量的多少而定。排水支沟位于果园小区的边缘，主要作用是把排水沟中的水排到排水干沟中去。排水支沟要比排水沟略深，沟的宽度可以根据小区面积大小而定，小区面积大的可适当宽些，小区面积小的可以窄些。

如果园形成涝洼地，可以在涝洼地的上方开一条截水沟，将水排出果园；也可以在涝洼地里面用石砌一条排水暗沟，使水由地下排出果园。对于因树盘低洼而积涝的，可结合土壤管理，在整地时加高树盘土壤，使之稍高出地面，以解除树盘低洼积涝。

思考题

1. 盐碱土壤改良措施有哪些？
2. 核桃园主要有哪几种施肥方式？
3. 核桃树缺氮或过量时，有什么表现？
4. 核桃园的关键需水期有哪几个？

第七章　整形修剪

一、树体结构与枝芽的识别

（一）树体结构

1. 主干　是指从地面到构成树冠的第一大主枝基部的一段树干。它负载整个树冠的重量，起着沟通地上与地下营养物质交换的重要作用。

2. 中心干　是指主干的延长部分，即从主干上端第一主枝以上，处于树冠中心，向树冠顶端生长的树干。构成树冠的所有主枝都着生在这上面。

3. 主枝　又称骨干枝，是指着生于中心干上并构成树冠的各大分枝。

4. 辅养枝　着生在树冠各类枝上的非骨干枝。在核桃的生命活动中，它们起着辅养树体生长结果的作用。辅养枝又分临时性辅养枝和永久性辅养枝2类。

5. 侧枝　直接着生在主枝上的骨干枝。每个主枝都有1个以上的侧枝。各侧枝从靠近主枝基部的第一个算起，分别称为第一、第二、第三……侧枝。

（二）枝芽的识别

1. 叶芽　芽萌发后，只抽枝长叶的芽为叶芽。叶芽与花芽不同，叶芽较瘦小而先端尖，鳞片也较窄。铁核桃营养枝顶端着生的叶芽芽体大，呈圆锥形或三角形。

2. 花芽　凡是萌发后抽生花序的芽为花芽，核桃为雄花芽。

3. 混合芽　芽萌发后，除抽生花序外还可抽生枝叶的芽为混合芽，抽生结果枝。

4. 中间芽　因发育、营养不良，不能发育成花芽。树体开花后，这种芽如不受刺激，就形成生长极微弱的短枝。这种短枝只有顶芽轮生树叶，而无明显的腋芽。如改善营养，这种顶芽可成为花芽，否则永远是中间芽。

5. 定芽　按一定的排列顺序，着生于枝的顶端或叶腋的芽称为定芽。腋芽依树种在树上以一定的排列顺序而着生，这种排列称为叶序。

6. 不定芽　芽的发生没有一定位置，称为不定芽。不定芽萌发的势力很强，易生成徒长枝。

7. 主芽　生于叶腋芽的中央而最充实的芽，称为主芽。主芽分化花芽和叶芽 2 种。

8. 副芽　在叶腋主芽两侧生的芽，称为副芽。

9. 单芽　在一节上仅有一个芽的，称为单芽。

10. 复芽　在一节上着生 2 个以上的芽叫做复芽。复芽又称为双芽、三芽、四芽等，其中间的芽为叶芽，其他为花芽。但个别品种例外，早实核桃枝在一节上有双芽或三芽，而且全是花芽。核桃树枝的复芽多着生在树条中部的叶腋间。

11. 活动芽（正常芽）　树上所形成的芽至萌发的时期能按时发芽的芽叫做活动芽。花芽和顶芽都为活动芽。

12. 隐芽（潜伏芽或休眠芽）　树上的芽形成后，除当年萌发为二次枝或副芽抽生的副梢外，有一部分不能萌发，暂时仍以原形潜伏，待机再萌发抽生树条，这些芽叫隐芽。隐芽在正常状态下，不会自行觉醒萌发，只有受到某种刺激时才能萌发。隐芽寿命与树种有关，核桃树隐芽寿命较长，便于更新。

13. 早熟芽　当年形成当年就萌发的芽，叫早熟芽。早实核桃枝芽具有早熟性，当年可萌发二次枝。

二、整形修剪的作用

（一）调节树体与环境间的关系

整形修剪可调整核桃树个体与群体结构，提高光能利用率，创造较好的微域气候条件，更有效地利用空间；良好的群体和树冠结构有利于通风、调节温度、湿度和便于操作；提高有效叶面积指数和改善光照条件；增加叶面积指数，主要是多留枝，增加叶丛枝比例。

稀植时，整形主要考虑个体的发展，重视快速利用空间，树冠结构合理及其各局部势力均衡，尽量做到：扩大树冠快，枝量多，先密后稀，层次分明，骨干开展，势力均衡。密植时，整形主要考虑群体发展，注意调节群体的叶幕结构，解决群体与个体的矛盾；树冠要矮，骨干要少，加强通风透光，先"促"后"控"，以结果来控制树冠。

（二）调节树体各局部的均衡

1. 调节核桃树的整体生长 核桃树地上部与地下部是相互依赖，相互制约的，二者保持动态平衡。任何一方的增强或减弱，都会影响另一方的强弱。修剪就是有目的地调整两者的均衡，以建立有利的新的平衡关系。但受接穗和砧木生长势的强弱、贮藏养分的多少、剪留枝芽或根的质量、新梢生长对根系生长的抑制作用以及环境和栽培措施如土壤湿度和激素应用等的制约而有变化。

对生长旺盛，花芽较少的树，修剪虽然促进局部生长，但由于剪去了一部分器官和同化养分，一般会抑制全树生长，使全树总生长量减少，这就是通常所称修剪的二重作用。但对于花芽多的成年树，由于剪去部分花芽和更新复壮等的作用，反而会比不修剪的增加总生长量，促进全树生长。

修剪在利用地上、地下动态平衡规律方面，还应依修剪的时期和修剪方法为转移。如在年周期中树体内贮藏养分最少的时期进行树冠修剪，则修剪愈重，叶面积损失愈大，根的饥饿愈重，新梢生长反而削弱，对整体、对局部都产生抑制效应。如核桃春季过晚修剪，抽枝展叶后修剪，则因养分消耗多，又无叶片同化产物回流，致使根系严重饥饿，往往造成树势衰弱。对于生长旺盛的树，如通过合理摘心，全树总枝梢生长量和叶面积也有可能增长。

2. 调节营养器官与生殖器官的均衡　生长与结果的矛盾，可通过修剪进行调节，使双方达到相对均衡，为高产稳产优质创造条件。首先要保证有足够数量的优质营养器官，其次要使其能产生一定数量的花果，并与营养器官的数量相适应，如花芽过多，必须疏剪花芽和疏花疏果，促进根叶生长，维持两类器官的均衡。第三要考虑各器官各部分的相对独立性，使一部分枝梢生长，一部分枝梢结果，每年交替，相互转化，使两者达到相对均衡。

3. 调节同类器官间的均衡　一株核桃树上同类器官之间也存在着矛盾，需要通过修剪加以调节，以利于生长结果。用修剪调节时，要注意器官的数量、质量和类型。抑强扶弱，选优去劣，对于枝条，既要保证有一定的数量，又要搭配和调节长、中、短各类枝的比例和部位。如处理徒长旺枝，以缓和竞争等。

（三）调节树体的营养状况

调整树体叶面积，改变光照条件，影响光合产量，从而改变了树体营养制造状况和营养水平；调节地上部与地下部的平衡，影响根系的生长，从而影响无机营养的吸收与有机营养的分配状况；调节营养器官和生殖器官的数量、比例和类型，从而影响树体的营养积累和代谢状况；控制无效枝叶和调整花果数量，减少营养的无效消耗；调节枝条角度，器官数量，输导通路，生长中心等，定向地运转和分配营养物质。

核桃树修剪后树体内水分、养分的变化很明显。修剪可以提高枝条的含氮量及水分含量。修剪程度不同，其含量变化有所区别。但是，在新梢发芽和伸长期修剪对新梢内碳水化合物含量的影响和对含氮及含水量相反，随修剪程度加重而有减少的趋势。

三、整形修剪的原则

(一)根据自然环境和当地条件而定

自然环境和当地条件对核桃的生长有较大的影响。在多雨多湿的地带，果园的光照和通风条件较差，树势容易偏旺，应适当控制树冠的体积，栽植密度应适当小一些，留枝密度也应适当减小；干燥少雨的果园，光照充足，通风较好，则核桃可栽得密一些，留枝也可适当多一些。土壤瘠薄的果园，整形应采用小冠型，主干可矮一些，主枝数目相对多一些，层次要少，层间距要小，修剪应稍重，多短截，少疏枝；土壤肥沃、地势平坦、灌水条件好的果园，整形修剪可采用大冠型，主干要高一些，主枝数目适当减少，层间距要适当加大，修剪要轻。风害较重的地区，应选用小冠型，降低主干高度，留枝量应适当减小；易遭霜冻的果园，冬剪时应多留花芽，待花前复剪时再调整花量。

(二)根据品种和生物学特性而定

萌芽力弱的品种，抽生中短枝少，进入结果期晚，幼树修剪时应多采用缓放和轻短截；成枝力弱的品种，扩展树冠较慢，应采用多短截少疏枝。以中、长果枝结果为主的品种，应多缓放中庸枝以形成花芽；以短果枝结果为主的品种，应多轻截，促发短枝形成花芽。对干性强的品种，中心干的修剪应选弱枝当头或采用“小换头”的方法抑制上强；对干性弱的品种，中心干的修剪应选强枝当头以防止上弱下强。枝条较直立的品种，应及时开角缓和树势以利于形成花芽；枝条易开张下垂的品种，应注意利用直立枝抬高角度以维持树势，防止衰弱。

(三)根据核桃树的年龄时期而定

生长旺的树宜轻剪缓放，疏去过密枝注意留辅养枝，弱枝宜短截，重剪少疏，注意背下枝的修剪。初果期是核桃树从营养生长为主向结果为主转化的时期，树体发育尚未完成，这时的修剪应当既利于扩大树冠，又利于逐年增加产量，还要为盛果期树连年丰产打好基础；盛果期的树，在保证树冠体积和树势的前提下，应促使盛果期年限尽量延长；衰老期核桃营养生长衰退，结果量开始下降，此时的修剪应使之达到复壮树势、维持产量、延长结果年限。

(四)根据枝条的类型而定

由于各种枝条营养物质的积累和消耗不同，所以各枝条所起的作用也不同，修剪时应根据目的和用途采取不同的修剪方式。树冠内膛的细弱枝，营养物质积累少，如用于辅养树体，可暂时保留；如生长过密，影响通风透光，可部分疏除。中、长枝积累营养多，除满足本身的生长需要外，还可向附近枝条提供营养，如用于辅养树体，可作为辅养枝修剪；如用于结果，可采用促进成花的修剪方法。强旺枝生长量大，消耗营养多，如用于建造树冠骨架，可根据需要进行短截；如属于和发育枝争夺营养的枝条，应疏除或采用缓和枝势的剪法；如需要利用其更新复壮枝势或树势，则可采用短截法促使旺枝萌发。

(五)根据地上部与地下部的平衡关系而定

核桃树的地上与地下两部分组成一个整体,相互联系、相互影响,并由树体本身的自行调节作用使地上和地下部分经常保持着一定的相对平衡关系。但地上与地下部的平衡关系并不都是有利于生产的。

如对于旱和瘠薄土壤中栽植的核桃树,应在加强土壤改良,充分供应氮肥和适量供应磷、钾肥的前提下,适当少疏枝和多短截,以利于枝叶的生长;对土壤深厚、肥水条件好的核桃树,则应在适量供应肥水的前提下,通过缓放、疏花疏果等措施,促使其及时结果和保持稳定的产量。如衰老树,树上细、弱、短枝多,粗壮旺枝少,而地下的根系也很弱,这也是地上、地下部的一种平衡状态。对这类树更新复壮,就应首先增施肥水,改善土壤条件,并及时进行更新修剪。如只顾地上部的更新修剪,没有足够的肥水供应,地上部的光合产物不能增加,地下的根系得不到改善,反而影响了地上部更新复壮的效果。

结果数量也是影响地下部分生长的重要因素。在肥水不足时,必须进行控制坐果量的修剪,以保持地下、地上部的平衡。如坐果太多,则会抑制地下根系的发育,树势就会衰弱下去,并出现大小年现象,甚至有些树体会因结果太多而衰弱致死。

四、整形修剪的方法及应用

(一)整形修剪的方法

1. 短截与回缩　短截即剪去枝梢的-部分,回缩是在多年生枝上短截。两种修剪方法的作用都是促进局部生长,促进多分枝,修剪的轻、重程度不同,产生的反应不同。为提高其角度,一般可回缩到多年生枝的有分杈部位的分枝处。短截1年生枝条时，其剪口芽的选留及剪口的正确位置，应根据该芽发枝的位置而定。

2. 疏枝与缓放　从基部剪除枝条的方法称疏枝，又叫疏除，核桃枝条过密时，应进行疏枝。以改善风光条件，促进花芽形成。它与短截有完全不同的效应。缓放也是修剪的一种手法，即抛放不剪截，任枝上的芽自由萌发。既可以缓和生长势，还有利于腋花结果。

枝条缓放成花芽后，即可回缩修剪，这种修剪法常在幼树和旺树上采用。凡有空间需要多发枝时，应采取短截的修剪方法；枝条过于密集，要进行疏除；而长势过旺的枝，宜缓放。只有合理修剪，才能使核桃生长、结果两不误，以达到早丰、稳产、优质的要求。

3. 摘心与截梢　摘心是摘去新梢顶端幼嫩的生长点，截梢是剪截较长一段梢的尖端。其作用不仅可以抑制枝梢生长，节约养分以供开花坐果之需，避免无谓的浪费，提高坐果率，更可在其他果枝上促进花芽形成和开花结果。摘支枝级数，从而提高结果能力。

4. 抹芽和疏梢　用手抹除或用剪刀削去嫩芽，称为抹芽或除芽。疏梢是新梢开始迅速生长时，疏除过密新梢。这两种修剪措施的作用是节约养分，以促进所留新梢的生长，使其生长充实；除去侧芽、侧枝，改善光照，有利于枝梢充实及花芽分化和果实品质的提高。尽早除去无益芽、梢，可减少后来去大枝所造成的大伤口及养分的大量浪费。

5. 拉枝　拉枝是将角度小的主要骨干枝拉开。此法对旺枝有缓势的效应。拉枝适于在春季树液开始流动时进行，将树枝用绳或铁丝等牵引物拉下，绑缚的部分应垫上橡皮或布料等软物，防止伤及皮部。

(二)整形修剪技术的应用

1. 核桃适宜树形

(1)主干疏层形　一般有6～7个主枝,分2～3层配置。其特点是:成形后树冠呈半圆形,通风透光良好,寿命长,产量高,负载量大,适于生长在条件较好的地区和干性强的稀植树。中央领导干应选长势较壮、方向接近垂直者培养。定于当年或第二年,在主干高度以上,选留3个,水平夹角约120°的枝,作为第一层主枝。栽后4～5年,选留第二层主枝2个,上下两层主枝间隔距离1.5～2米,以免枝叶过于茂密,影响通风透光。栽后5～6年选留第三层主枝1～2个,保持2、3层间距0.8～1米,在第一个侧枝对面留第二侧枝,距第一侧枝0.5米左右。距第二侧枝0.8～1.2米留第三侧枝。

(2)自然开心形　其特点是无明显的中心主干,成形快,结果早,整形容易,便于掌握。适于土层较薄,土质较差,肥水条件不良的地区和树形开张的品种。自然开心不分层次,可留2～3个主枝,每个主枝选留斜生侧枝2～3个。方法基本同疏散分层形。但第一侧枝距中心应当稍近,如留2个主枝为0.6米;留3个主枝为1米。整形期间应注意调整各主枝间的平衡,防止背后侧枝与主枝延长枝的竞争。

(3)纺锤形　适用于早实品种的密植园。干高60厘米左右,树高约3～4米,有中央干,直立,其上自然分布15～20个侧枝,向四周伸展,下部侧枝略长,外观呈纺锤状。

2. 核桃整形技术　所谓整形就是通过适当的修剪措施,培养和调整核桃骨干枝,使冠内各类枝条的分布合理,保证冠层通风透光,形成良好的丰产树形。

(1)定干高度　树干的高、低对于冠高、生长与结实、栽培管理、间作等关系极大,应根据核桃树的品种、生长发育特点、栽培目的、栽培条件和栽培方式等方面而定。晚实核桃结果晚、树体高大，干高可留 1.5～2 米以上；果材兼用核桃，为提高干材的利用率，干高可留 3 米以上。早实核桃结果早，树体较小，干高可留 0.8～1.2 米。

(2)定干方法　晚实核桃 3 年生以后达到定干高度时，可通过选留主枝的方法进行定干。春季发芽后，在定干高度的上方选留一个壮芽或健壮的枝条，作为第一个主枝，并将该枝或萌发芽以下的枝条全部剪除。如果当年定植苗木达到定干高度，可在要求干高的上方适当部位进行短截，促使剪口芽萌发，然后选留第一主枝。对于分枝力强的品种，只要栽培条件较好，也可采用短截的方法定干。如果栽培条件差，树势弱，采用短截法定干，容易形成开心形，故弱树定干不宜采用短截的方法。

早实核桃可在定植当年萌芽后，进行定干，并把定干高度以下的侧芽全部抹除。若未达定干高度，翌年再行定干。遇有顶芽坏死时，可选留靠近顶芽的健壮侧芽，使之向上生长，待达到定干高度以上时再行定干。

(3)树形培养　树形培养主要是选留主、侧枝和处理各级枝条的从属关系。树体结构是树形的基础，而树体结构是由主干和主、侧枝所构成。因此，培养树形主要是配备好各级骨干枝或培养好树冠骨架。

①主干疏层形的培养：主干疏层形疏散分层形，也称主干分层形，是有中央领导干的树形。一般有 6～7 个主枝，分 2～3 层配置。

第一步：定干当年或第二年，在主干定干高度以上，选留 3 个不同方位、水平夹角约 120°且生长健壮的枝或已萌发的壮芽，培养为第一层主枝，层内距离大于 20 厘米。1～2 年完成选定第一层主枝。如果选留的最上一个主枝距主干延长枝顶部过近或第一层主枝的层内距过小，都容易削弱中央领导干的生长，甚至出现

“掐脖”现象,影响主干的形成。当第一层预选为主枝的枝或芽确定后,只保留中央领导干延长枝的顶枝或芽,其余枝、芽全部剪除或抹掉。

第二步:一、二层的层间距早实核桃为60～80厘米,晚实核桃80～100厘米。在一、二层层间距以上已有壮枝时,可选留第二层主枝,一般为1～2个。同时可在第一层主枝上选留侧枝,第一个侧枝距主枝基部的距离,晚实核桃60～80厘米;早实核桃40～60厘米。选留主枝两侧向斜上方生长的枝条1～2个作为一级侧枝,各主枝间的侧枝方向要互相错落,避免交叉、重叠。

第三步:继续培养第一层主、侧枝和选留第二层主枝上的侧枝。由于第二层与第三层间的层间距要求大一些,可延迟选留第二层主枝。

如果只留两层主枝,第二层主枝为2～3个,两层的层间距,晚实核桃2米左右,早实核桃1.5米左右。并在第二层主枝上方适当部位落头开心。

第四步:继续培养各层主枝上的各级侧枝。晚实核桃和早实核桃幼树7～8年生时,开始选留第三层主枝1～2个,第二层与第三层的层间距,晚实核桃为2米左右,早实核桃1.5米左右。并从最上一个主枝的上方落头开心。至此,主干形树冠骨架基本形成。

②开心形的培养:开心形也称自然开心形,是无中央领导干的树形。一般选留不同方位的主枝2～4个。

第一步:在定干高度以上留出3～4个芽的整形带。在整形带内,按不同方位选留2～4个枝条或已萌发的壮芽作为主枝。各主枝基部的垂直距离无严格要求,一般为30～40厘米。主枝可1～2次选留。选留各主枝的水平距离应一致或相近,并保持每个主枝的长势均衡。

第二步:各主枝选定后,开始选留一级侧枝,由于开心形树形主枝少,侧枝应适当多留,即每个主枝应留侧枝3～4个。各主枝上的侧枝要上下错落，均匀分布。第一侧枝距主干的距离为晚实核桃 0.8～1 米；早实核桃 0.5～0.7 米。

第三步：晚实核桃 6～7 年生，早实核桃 5 年生，开始在第一主枝一级侧枝上选留二级侧枝 1～2 个；第二主枝的一级侧枝 2～3 个。第二主枝上的侧枝与第一主枝上的侧枝的间距为：晚实核桃 1～1.5 米，早实核桃 0.8～1 米。

3. 不同类型树的修剪　核桃修剪是在整形基础上，根据生长和结果的需要，结合栽培管理条件，来调节枝条的生长与结果、衰老与更新、个体与群体环境的矛盾。通过修剪调节枝叶量和花果量，利用芽的异质性，调整枝条生长势，选留、培养结果枝和结果枝组，并及时剪除一些无用枝，达到生长与结果互相协调的目的。

(1)幼树的修剪　是在整形的基础上，继续培养和维持丰产树形的重要措施。在进一步培养树形的同时，继续培养主、侧枝，注意选留和培养结果枝和结果枝组，及时剪除和改造无用的枝条，使之达到均衡树势、提早结果、增加产量的目的。由于早实和晚实核桃生长发育特点各不相同，因而在修剪方法上也不尽一致。这里主要讲早实核桃的修剪。

①疏除过密枝：早实核桃分枝早，枝量大，容易造成树冠内部的枝条密度过大，不利于通风透光。因此，对树冠内各类枝条，修剪时应去强去弱留中庸枝。疏枝时，应紧贴枝条基部剪除，切不可留橛，以利于剪口的愈合。

②徒长枝的利用：早实核桃结果早，果枝率高，坐果率高，造成养分的过度消耗，枝条容易干枯，从而刺激基部的隐芽萌发而形成徒长枝。徒长枝的突出特点是第二年都能抽枝结果，果枝率高达 100%。这些结果枝的长势，由顶部至基部逐渐变弱，中、下部的小枝结果后第三年多数干枯死亡，出现光秃带，结果部位向顶部推移，容易造成枝条下垂。可利用徒长枝粗壮、结果早的特点，通过夏季摘心或短截或者春季短截等方法，将其培养成结果枝组，以充

实树冠空间，更新衰弱的结果枝组。

③处理好背下枝：核桃背下枝春季萌发早，生长旺盛，竞争力强，容易使原枝头变弱而形成“倒拉”现象，甚至造成原枝头枯死。处理方法一般是萌芽后剪除。如果原母枝变弱或分支角度较小，可利用背下枝或斜上枝代替原枝头。将原枝头剪除回缩培养成结果枝组。

④主枝和中心领导干的处理：主枝和侧枝延长头，为防止出现光秃带和促进树冠扩大，可每年适当截留 60～80 厘米，剪口芽可留背上芽或侧芽。中央领导干应根据整形的需要每年短截。

（2）盛果期树的修剪　盛果期树的骨架已基本形成和稳定，树冠扩大已近停止，大都接近郁闭，产量逐渐达到高峰，树姿逐渐开张，外围枝量增多，内膛光照不良，部分小枝开始干枯，主枝后部出现光秃带，结果部位外移，生长与结果矛盾突出，容易出现大小年现象。此时修剪的主要任务是调整营养生长和生殖生长的关系，不断改善树冠的通风透光条件，不断更新结果枝，以保持稳定的长势和产量。

①骨干枝的修剪：此期骨架基本定形，骨干延长枝不再向外延伸，修剪时应注意利用上枝上芽复壮延长枝，主侧枝上多留枝叶，适当控制结果量，保持骨干枝的生长势。树冠外围枝，由于多年延伸和分枝，常密集交叉重叠，互相影响，内膛光照不良，应当疏除和适时回缩。

②结果枝组的更新复壮：结果枝组因多年结果，容易衰弱，结果外移。大结果枝组内膛光照不良，基部容易枯死；中、小结果枝组极易全部衰弱，均需更新复壮。按回缩修剪方法，剪至生长势较强、枝条向上的部位，同时控制枝组内的旺枝，尤其对大型枝组要防止“树上长树”，影响树体结构和其他枝组的生长。按树冠外、中、内顺序培养小、中、大枝组。

③徒长枝的修剪：随树龄和结果量的增加，外围枝长势变弱，

加之修剪等外界刺激，极易造成内膛骨干枝背上的潜伏芽萌发，成为徒长枝，消耗营养，影响通风透光。因此，对于徒长枝应采取“有空就留，无空就疏”的原则，充实内膛，增加结果部位。盛果末期，树势开始衰弱，产量下降，枯死枝增加，此时，徒长枝更应注意选留，作为更新复壮的主要枝条。

④清理无用枝条：应及时把长度在6厘米以下，粗度不足0.8厘米的细弱枝条疏除。原因是这类枝条坐果率极低。内膛过密、重叠、交叉、病虫枝和干枯枝等也应剪除，以减少不必要的养分消耗和改善树冠内部的通风透光条件。

(3)衰老树修剪　核桃进入衰老期，外围枝生长势减弱，小枝干枯严重，外围枝条下垂，产生大量“焦梢”，同时萌发出大量的徒长枝，出现自然更新现象，产量也显著下降。为了延长结果年限，可对衰老树进行更新复壮。

①主干更新：将主枝全部锯掉，使其重新发枝，形成主枝。具体做法有2种：一是对主干过高的植株，可从主干的适当部位，将上部树干全部锯掉，使锯口下的潜伏芽萌发新枝，然后从新枝中选留方向合适，生长健壮的枝条2～4个，培养成主枝；二是对主干高度适宜的开心形植株，可在每个主枝的基部锯掉。如是主干形植株，可先从第一层主枝的上部锯掉树冠，再从各主枝的基部锯掉，使主枝基部的潜伏芽萌芽发枝。

②主枝更新：在主枝的适当部位进行回缩，使其形成新的侧枝。具体修剪方法：选择健壮的主枝，保留50～100厘米长，其余的部分锯掉，使其在主枝锯口附近发枝。发枝后，每个主枝上选留方位适宜的2～3个健壮的枝条，培养成一级侧枝。

③侧枝更新：将一级侧枝在适当的部位进行回缩，使其形成新的二级侧枝。其优点是，新树冠形成和产量增加均较快。具体做法是：在计划保留的每个主枝上，选择2～3个位置适宜的侧枝。在每个侧枝中下部长有强旺分枝的前端进行剪截。疏除所有的病

枝、枯枝、单轴延长枝和下垂枝。对明显衰弱的侧枝或大型结果枝组应进行重回缩，促其发新枝。对枯枝梢要重剪，促其从下部或基部发枝，以代替原枝头。对更新的核桃树，必须加强土、肥、水和病虫害防治等综合技术管理，以防当年发不出新枝，造成更新失败。

(4)放任树的修剪　放任树多表现为：大枝过多，层次不清；结果部位外移，内膛空虚；生长衰弱，坐果率低；衰老树自然更新现象严重。

①树形改造：放任树的修剪应根据具体情况随树造形。如果中心领导枝明显，可改造成疏散分层形；中心领导枝已很衰弱或无中心领导枝的，可改造成自然开心形。

②大枝处理：修剪前要对树体进行全面分析，重点疏除影响光照的密集枝、重叠枝、交叉枝、并生枝和病虫危害枝。留下的大枝要分布均匀，互不影响，以利于侧枝的配备。一般疏散分层形留5～7个主枝，特别是第一层要留好3～4个；自然开心形可留3～4个主枝。为避免因一次疏除大枝过多而影响树势，可以对一部分交叉重叠的大枝先进行回缩，分年疏除。对于较旺的壮树也应分年疏除大枝，以免引起生长势变旺。在去大枝的同时，对外围枝要适当疏间，以疏外养内疏前促后为原则。树形改造1～2年完成，修剪量占整个改造修剪量的40%～50%。

③结果枝组的培养与调整：大枝疏除后，第二年或第三年以调整外围枝和中型枝为主，特别是内膛结果枝组的培养。对已有的结果枝组应去弱留强、去直立留背斜、疏前促后或缩前促后。年修剪量占20%～30%。

④稳势修剪阶段：树体结构调整后，还应调整母枝与营养枝的比例，约为3：1，对过多的结果母枝可根据空间和生长势进行去弱留强，充分利用空间。在枝组内调整母株留量的同时，还应有1/3左右交替结果的枝组量，以稳定整个树体生长与结果的平衡。修剪量应掌握在20%～30%。

4. 冬剪、夏剪的实施　核桃树如果落叶后冬剪，极易由伤口产生伤流，伤流过多，造成养分和水分流失，不利于正常生长结果。核桃树修剪的适宜时期为核桃采收后到开始落叶时，幼树在春季萌芽展叶后进行。但最新研究结果表明落叶期冬剪更好。

夏剪是在核桃树发芽后，枝叶生长时期所进行的修剪，其措施有短截、摘心、抹芽、除副梢。例如，剪除二次枝，以避免由于二次枝的旺盛生长而过早郁闭。方法是在二次枝抽生后未木质化之前，将无用的二次枝从基部剪除。剪除对象主要是生长过旺造成树冠出"辫子"的二次枝。疏除多余的二次枝，凡在一个结果枝上，抽生 3 个以上的二次枝，可在早期选留 1～2 个健壮枝，其余全部疏除。在夏季，对于选留的二次枝，如果生长过旺，为了促进其木质化，控制其向外延伸，可进行摘心。对于一个结果枝只抽生一个二次枝，而且长势很强，为控制其旺长，增加分枝，培养成结果枝组，可于春季或夏季对二次枝短截，夏季短截分枝效果良好(春季短截发枝粗壮)，其短截强度以中、轻度为好。

思考题

1. 核桃常见树形有哪几种?
2. 幼树修剪有哪几个重要措施?
3. 主干疏层形培养有几个方面步骤?

第八章　花果管理

一、花果发育特性

（一）开花特性

核桃雌、雄花期多不一致，称为“雌雄异熟性”。雌花先开的称为“雌先型”；雄花先开的称为“雄先型”；个别雌、雄花同开的称为“雌雄同熟”。据观察，核桃雌先型比雄先型树雌花期早 5～8 天，雄花期晚 5～6 天。铁核桃主栽品种多为雄先型，雄花比雌花提早开放 15 天左右。不同品种间的雌、雄花期大多能较好地吻合，可相互授粉。雌、雄异熟是异花授粉植物的有利特性。核桃植株的雌雄异熟乃是稳定的生物学性状，尽管花期可依当年的气候条件变化而有差异，然异熟顺序性未发现有改变；同一品种的雌雄异熟性在不同生态条件下亦表现比较稳定。

雌雄异熟性决定了核桃栽培中配置授粉树的重要性。雌雄花期先后与坐果率、产量及坚果整齐度等性状的优劣无关，然而在果实成熟期方面存在明显的差异，雌先型品种较雄先型早成熟 3～5 天。

早实核桃具有二次开花的特性。二次花雌、雄花多呈穗状花序。二次花的类型多种多样，有单性花序的，也有雌雄同序，花序轴下部着生数朵雌花，上部为雄花的，个别尚有雌雄同花的。

不同类型和品种的核桃树开始结果年龄不同，早实核桃 2～3 年，晚实核桃 8～10 年开始结果。初结果树，多先形成雌花，2～3 年后才出现雄花。成年树雄花量多于雌花几倍、几十倍，有时因雄花过多而影响产量。

(二)结果特性

成年树以健壮的中、短结果母枝坐果率最高。在同一结果母枝上以顶芽及其以下1～2个腋花芽结果最好。坐果的多少与品种特性、营养状况、所处部位的光照条件有关。一般一个果序可结1～2果,也可着生3果或多果。着生于树冠外围的结果枝结果好,光照条件好的内膛结果枝也能结果。核桃喜光与合轴分支的习性有关,随树龄增长,结果部位迅速外移,果实产量集中于树冠表层。早实核桃二次雌花常能结果,所结果实多呈1序多果穗状排列。二次果较小,但能成熟并具发芽成苗能力,苗木的生长状况同一次果的苗无差异,且能表现出早实特性,所结果实体型大小也正常。

(三)授粉与受精

核桃是风媒花。核桃花粉粒中等大小,可随风传播。人工授粉,应注意保持花粉的活力。在自然状态下,核桃花粉的寿命只有2～3天;在室温条件下可保持3～5天。核桃花粉不耐低温和干燥,最适宜的保存温度为3℃,可保存30天以上。相对湿度越大,花粉生活力下降越缓慢,故不宜在干燥条件下贮藏。铁核桃花粉在4℃恒温下贮藏45天,仍有1.5%花粉发芽。

核桃雌花系单胚珠,花粉萌发后只有极少数花粉管到达胚珠。授粉适期,以柱头呈眉状展开并有黏液分泌时为宜。萌发的花粉管在柱头表面伸长中遇到乳突细胞的胞间隙即穿入其中,并沿细胞的胞间隙下伸,直达子房室的顶部,伸入子房腔,沿珠被的外表皮下伸到幼嫩隔膜顶端,再穿入隔膜长至合点区,此时方向改变为向上生长,穿过珠心到达胚囊。研究表明,雌蕊中钙的分布状况是诱导花粉管定向生长的原因之一。核桃是双受精,即花粉管释放出2个精子,分别趋向卵和中央核,而后完成受精过程。

核桃和铁核桃均具有一定的孤雌生殖能力。常有无授粉条件的孤树,每年也能结果,其坚果也具有成熟的种胚。

(四)花芽分化

1. 雄花芽的分化 雄花芽于5月间露出至翌年春4月份发育成熟,从开始分化到散粉整个发育过程约1年时间。核桃雄花芽与侧生叶芽属同源器官。核桃雄花芽分化划为以下5个时期。

(1)鳞片分化期 母芽雏梢分化之后,在叶腋间出现侧芽原基,4月上旬侧芽原基在母芽内开始分化鳞片,4月下旬随母芽萌发新梢生长,侧芽原基外围已有4个鳞片形成。雄芽生长点较扁平,鳞片亦较叶芽为少。

(2)苞片分化期 继鳞片分化期之后,在鳞片内侧,生长点周围,从基部向顶端逐渐分化出多层苞片突起。

(3)雄花原基分化期 4月下旬至5月初,从雄花芽基部开始向顶端,在苞片内侧基部出现突起,即单个雄花原基。

(4)花被及雄蕊分化期 5月初至5月中旬,雄花原基顶端变平并凹陷,边缘发生突起,即花被的初生突起。

(5)花被及雄蕊发育完成期 5月中旬至6月初,并排的雄蕊突起发育成并列的柱状雄蕊,最多可观察到6个。一排花被突起发育成一圈向内弯曲包裹着雄蕊,而苞片又从雄花基部伸出,伸向花被外围,此时整个雄花芽已突破鳞片,像一个松球,至此雄花芽形态分化完成。

雄花芽分化当年夏季变化甚小,长约0.5厘米,玫瑰色,秋末变为绿色,冬季变浅灰色,翌年春花序膨大。花序伸长初期呈直立或斜向上生长,颜色变为浅绿色,1周后开始变软下垂并伸长,雄花分离,总苞开放。由花序基部向前端各小雄花逐渐开放散粉。成熟的花药黄色。散粉速度与气温有关,温度高,散粉快。

2. 雌花芽的分化　雌花芽与顶生叶芽为同源器官。雌花芽形态分化期为中短枝停长后4～10周(6月2日至7月14日)。

(1)雌花芽形态分化时期

①分化始期：中短枝停长后4～6周(6月2～16日)25%～35%的芽内生长点进入花芽分化。此时果实生长速度减缓，果实外形接近于最大体积。

②分化集中期：中短枝停长6～10周(6月16日至7月14日)，50%以上的生长点开始花芽分化，此时果实体积基本稳定并进入硬核期，种仁内含物开始增加。

③分化缓慢及停滞期：中短枝停长10周以后(7月14日以后)，花芽数量不再增长。此时种仁内含物迅速积累，果实渐趋成熟。

(2)雌花芽各原基分化时期　雌花原基于冬前出现总苞原基和花被原基，翌年春芽开放之前2周内迅速完成各器官的分化，依次为苞片、花被、心皮和胚珠。核桃雌花芽从生理分化开始7～15天进行形态分化，单个混合花芽的生理分化时间短，但全树的生理分化持续时间较长，在时间上难以截然区分。

分化初期(生长点扁平期)出现在中短枝停长后4～8周(6月2～30日)；总苞原基出现在中短枝停长后6～9周(6月16日至7月7日)；花被原基出现在中短枝停长后7～10周(6月23日至7月14日)；枝停长10周以后，雌花芽的分化停顿而进入休眠，直到翌年春3月下旬继续分化雌蕊原基，各原基进一步发育，4月下旬开花。

(五)果实发育

1. 果实速长期　5月初至6月初30～35天，为果实迅速生长期。此期间果实的体积和重量均迅速增加，体积达到成熟时的90%以上，重量达70%左右。5月7～17日纵、横径平均日增长可达1.3毫米;5月12～22日重量平均日增长2.2克。随着果实体积的迅速增长,胚囊不断扩大,核壳逐渐形成,白色、质嫩。

2. 硬核期 6月初至7月初,35天左右,核壳自顶端向基部逐渐硬化,种核内隔膜和褶壁的弹性及硬度逐渐增加,壳面呈现刻纹,硬度加大,核仁逐渐呈白色、脆嫩。果实大小基本定型,营养物质迅速积累,6月11日至7月1日的20天内出仁率由13.7%增加至24%,脂肪含量由6.91%增加至29.24%。

3. 油脂迅速转化期 7月上旬至8月下旬,50～55天,果实大小定型后,重量仍有增加,核仁不断充实饱满,出仁率由24.1%增加至46.8%,核仁含水率由6.2%下降至2.95%,脂肪含量由29.24%增加至63.09%,核仁风味由甜变香。

4. 果实成熟期 8月下旬至9月上旬,果实重量略有增长,总苞(青皮)颜色,由绿变黄,表面光亮无茸毛,部分总苞出现裂口,坚果容易剥出,表示已达充分成熟。

核桃落花落果比较严重。一般可达50%～60%,严重者达80%～90%。落花多在末花期,花后10～15天幼果长至1厘米左右时开始落果,果径2厘米左右时达到高峰,到硬核期基本停止。侧生果枝落果通常多于顶生果枝。

二、花果管理技术及应用

(一)辅助授粉

核桃属异花授粉,虽也存在着自花结实现象,但坐果率较低;核桃存在着雌、雄花期不一致的现象,且为风媒花,自然授粉受各种条件限制,致使每年坐果情况差别很大。幼树开始结果的2～3年只形成雌花,没有或很少有雄花,因而影响授粉和结果。为了提高坐果率,增加产量,可以进行人工辅助授粉。授粉应在核桃盛花初期到盛花期进行。

1. 花粉采集　从健壮树上采集发育成熟、基部小花开始散粉的雄花序，放在通风干燥的室内摊开晾干，保持16℃～20℃，待大部分雄花药开始散时，筛出花粉，装瓶备用。装瓶贮花粉必须注意通气、低温(2℃～5℃)条件。为了适应大面积授粉的需要，可用淀粉将花粉加以稀释，同样可达到良好的效果。经试验，用1∶10淀粉或滑石粉稀释花粉授粉效果较好。

2. 授粉适期　根据雌花开放特点，授粉最佳时期为柱头呈倒"八"字形张开，分泌黏液最多时(一般2～3天)。待柱头反转或柱头变色分泌物很少时，授粉效果显著降低。因此，掌握准确授粉时间很重要。因一株树上雌花期早晚相差7～15天。为提高坐果率，可进行两次授粉。

3. 授粉方法　可用双层纱布袋，内装1∶10稀释花粉或刚散粉雌花序，在上风头人工抖动。也可配成花粉水悬液(花粉∶水＝1∶5 000)进行喷授，有条件的地方可在水中加入10%蔗糖和0.02%的硼酸。还可结合叶面喷肥进行授粉。

(二)疏除花枝、花芽和花序

1. 疏雄花　核桃雄花数量大，可以疏除一部分雄花，减少营养物质消耗。提早疏除过量的雄花芽，有利于当年雌花的发育，提高当年坚果产量和品质，同时也有利于新梢的生长和花芽分化。

(1)疏雄时期　原则上以早疏为宜，一般以雄花芽未萌动前20天内进行为宜，雄花芽开始膨大时，为疏雄的最佳时期。因为休眠期雄芽比较牢固，操作麻烦，雄花序伸长时，已经消耗营养，对树是不利的。

(2)疏雄数量　可疏去90%～95%的雄花，之后雌花与雄花之比仍可达1∶30～1∶60，完全可以满足授粉的需要。但雄花芽很少的植株和刚结果幼树，可以不疏雄。

(三)疏　果

早实核桃以侧花芽结果为主，雌花量较大，到盛果期后，为保证树体营养生长与生殖生长的相对平衡，保持优质高产稳产，必须疏除过多的幼果。否则会因结果太多而造成果个变小，品质变差，严重时导致树势衰弱，枝条大量干枯死亡。

1. 疏果时间　可在生理落果后，一般在雌花受精后 20～30 天，即子房发育至 1～1.5 厘米时进行。疏果量应依树势状况和栽培条件而定，一般以 1 平方米树冠投影面积保留 60～100 个果实为宜。

2. 疏果方法　先疏除弱枝或细弱枝上的幼果，也可连同弱枝一同剪掉；每个花序有 3 个以上幼果，视结果枝的强弱，可保留2～3 个，坐果部位在冠内要分布均匀，郁闭内膛可多疏。特别注意，疏果仅限于坐果率高的早实核桃品种。

思考题

1. 早实核桃区别于晚实核桃的开花特征是什么？
2. 核桃生殖有几种类型？各是什么？
3. 雄花芽和雌花芽各有几个分化时期？
4. 核桃花果的管理技术主要是什么？

第九章　病虫害防治与自然灾害的防御

一、病虫害的主要防治方法及应用

（一）植物检疫

1. 植物检疫的意义和任务　植物检疫工作是国家保护农业生产的重要措施，它是由国家颁布条例和法令，对植物及其产品，特别是苗木、接穗、插条、种子等繁殖材料进行管理和控制，防止危险性病、虫、杂草传播蔓延。主要任务有3个方面：一是禁止危险性病、虫杂草随着植物或其产品由国外输入和国内输入；二是将在国内局部地区已发生的危险性病虫杂草封锁在一定的范围内，不让它传播到尚未发生的地区，并且采取各种措施逐步将其消灭；三是当危险性病、虫、杂草传入新区时，采取紧急措施，彻底肃清。通过植物检疫，防止危险性病虫、杂草的远距离传播，对于保护农业生产极为重要。

2. 植物检疫的主要措施

（1）禁止入境　针对危险性极大的有害生物，严格禁止可传带该有害生物的活植物、种子、无性繁殖材料和植物产品入境。土壤可传带多种危险性病原物，也被禁止入境。

（2）限制入境　提出允许入境的条件，要求出具检疫证书，说明进境植物和植物产品不带有规定的有害生物，其生产、检疫检验和除害处理状况符合入境条件。此外，还常限制入境时间、地点，入境植物种类及数量等。

（3）调运检疫　对于在国家间和国内不同地区间调运的应行

检疫的植物、植物产品、包装材料和运载工具等,在指定的地点和场所(包括码头、车站、机场、公路、市场、仓库等)由检疫人员进行检疫检验和处理。凡检疫合格的签发检疫证书,准予调运,不合格的必须做除害处理或退货。

(4)产地检疫 种子、无性繁殖材料在其原产地,农产品在其产地或加工地实施检疫和处理。这是国际和国内检疫中最重要和最有效的一项措施。

(5)国外引种检疫 引进种子、苗木或其他繁殖材料,事先须经审批同意,检疫机构提出具体检疫要求,限制引进数量,引进后除施行常规检疫外,尚必须在特定的隔离苗圃中试种。

(6)旅客携带物、邮寄和托运物检疫 国际旅客入境时携带的植物和植物产品需按规定检疫。国际和国内通过邮政、民航、铁路和交通运输部门邮寄、托运的种子、苗木等植物繁殖材料以及应施检疫的植物和植物产品等需按规定检疫。

(7)紧急防治 对新侵入和定核的病原物与其他有害生物,必须利用一切有效的防治手段,尽快扑灭。我国国内植物检疫规定已发生检疫对象的局部地区,可由行政部门按法定程序划为疫区,采取封锁、扑灭措施。还可将未发生检疫对象的地区依法划定为保护区,采取严格保护措施,防止检疫对象传入。

(二)农业防治

农业防治是在核桃栽培过程中,有目的地创造有利于核桃生长发育的环境条件,使核桃生长健壮,提高核桃的抗病能力;同时创造不利于病原物的活动、繁殖和侵染的环境条件,减轻病害的发生程度。农业防治是最经济、最基本的病害防治方法。

1. 培养无病苗木 有些果树病害是随着苗木、接穗、插条、根蘖、种子等繁殖材料而扩大传播的。对于这类病害的防治,必须把培养无病的苗木,作为一项十分重要的措施。因此,使用无病苗木和接穗就显得十分重要，尤其在新建果园时，对无病苗木的选择尤为重要。必须严格禁止采用带毒接穗，同时应加强果树病毒病技术的研究，为繁殖材料带毒情况的鉴定提供简便易行的方法。

2. 做好果园卫生　包括清除病株残体，深耕除草、砍除转主寄主等措施，其主要目的在于及时消灭和减少初侵染及再侵染的病菌来源。对多年生核桃来说，果园病原物的逐年积累，对病害的发生和流行起着重要的作用。因此，搞好果园卫生，有很明显的防治效果。

3. 合理修剪　修剪是核桃管理工作中的重要措施，也是病害防治的重要措施之一。合理修剪可以调整树体的营养分配，促进树体的生长发育，调节结果量，改善通风透光条件，增强树体的抗病能力，起到防治病害的良好作用。

此外，结合修剪还可以去掉病枝、病梢、病蔓、病芽和僵果等，减少病原的数量。但修剪伤口是许多病菌的侵入途径，修剪不当也会造成树势衰弱，有可能加重某些病害的发病程度。因此，在修剪过程中，应结合防治病害，采用适当的修剪方法，同时对修剪伤口进行适当地保护和处理。

4. 合理施肥和排灌　加强水肥管理，可以提高核桃的营养状况，提高抗病能力，起到壮树防病的作用。对于患缺素症的核桃，有针对性地增加肥料和微量元素，可以抑制病害的发展，促使树体恢复正常。

南方果区的一些病害，如根腐病等在果园积水的条件下发病严重，改漫灌为沟灌并适当控制灌水，及时排除积水，翻耕根围土壤，可以大大减轻危害程度。有些病菌可以随水传播，灌水时应注意水流方向。

在北方果区，核桃进入休眠前若灌水过多，则枝条柔嫩，树体充水，严冬易受冻害，可加重枝干病害等的发生。适当增施磷、钾肥和微量元素，可提高核桃抗病能力。多施有机肥料，可以改善土壤，促进根系发育，提高植株的抗病性。

5. 适期采收和合理贮藏 是病害防治中的重要环节。果品采收不仅和果品的产量及品质有关，而且采收的适时与否，采收和贮藏过程及贮藏期间的温度、湿度条件等，都直接影响贮藏期间病害的发生和危害程度。

6. 选育和利用抗病品种 选育和利用抗病品种是防治核桃病害的重要途径之一。不同的树种和品种对病害的抗病性往往不同，我们加以利用可达到防治病害的目的。同时，通过各种育种手段培育新的抗病品种，也是防治病害的重要方法。不同地区应选择适宜当地条件的品种，以发挥品种和区域特点。

（三）生物防治

生物防治是指利用生物或生物制剂来防治害虫。比如利用鸟防治森林害虫，利用赤眼蜂来防治棉铃虫。采用生物防治要比物理防治和化学防治更优越。因为防治效果好，且不污染环境，因此具有广阔的应用前景。在生物防治中有可能加以利用的有拮抗作用和交叉保护作用等。

1. 拮抗作用及利用 一种生物的存在和发展，限制了另一种生物的存在和发展的现象，称为拮抗作用。拮抗作用在自然界中普遍存在，主要有抗生作用、寄生作用和竞争作用等。一种生物的代谢产物能够杀死或抑制其他生物的现象称为抗生作用，主要来源于放线菌、真菌和细菌；对植物病原物有寄生作用的微生物很多，如噬菌体对细菌的寄生，病毒、细菌对真菌的寄生等；在枝、干、根、叶、果、花的表面及周围的微生物区系中，除直接作用于病原物并具有抗生作用或寄生作用的微生物之外，还有一些同病原物进行阵地竞争或营养竞争的微生物，这些微生物的大量繁殖，往往可以防止或减轻病害的发生，这种现象称为竞争作用。

（1）直接使用 把人工培养的拮抗微生物直接施入土壤或喷

洒在作物表面，可以改变根围、叶围或其他部位的微生物组成，建立拮抗微生物的优势，从而达到控制病原物的目的。

（2）促进繁殖 在植物的各个部位几乎都有拮抗微生物的存在，创造一些对其有利的环境条件，可以促使其大量繁殖，形成优势种群，达到防治病害的目的。如在土壤中施入二氧化硫、甲基溴化物等化学物质可以刺激木霉的增殖，杀死或抑制根朽病菌。此外，把拮抗微生物与其适宜的基物混合施入土壤中，也可帮助拮抗微生物建立优势，起到防治病害的作用。

2. 交叉保护现象及利用 在寄主植物上接种低致病力的病原物或无致病力的微生物后，诱导寄主增强其抗病力，甚至可保护寄主不受侵染，这种现象称为交叉保护。例如，在番茄花叶病的防治上，即在番茄播种20～30 天，或在番茄有 3～4 片真叶时，接种无致病力的弱病毒株系，有良好的防治效果。

生物防治是病害防治中的一个新领域，有广阔的发展前景。除上述使用途径外，新近的研究还发现了一些新的途径，如某些生防因子与某些化学药剂混合使用可发生协同作用。如果把生物防治和化学防治相结合，对病害进行综合防治，可以大大提高防治效果。

（四）物理防治

通过热力处理、射线辐射及外科手术等方法防治植物病害，称为物理防治。物理防治具有无公害、不污染环境、成本低等优点。

1. 热处理 是防治多种病害的有效方法。在核桃病害的防治中，主要用于带病的种子、苗木，接穗等繁殖材料的热力消毒。例如用 50℃的温水浸桃苗 10 分钟，可以消灭桃黄化病毒。

2. 射线处理 对病原物有抑制或杀灭作用，应用 250 戈[瑞]/分钟的 γ 射线处理果品，当照射总剂量达到 1 250～1 370 戈[瑞]时，能防治果品贮藏期间由褐腐病引起的腐烂。

3. 外科手术 是防治核桃树干病害的必要手段。如刮除各种枝干病斑、剪除病根、对病树进行桥接等方法，都属于外科手术的范畴。机械阻隔也是物理防治的方法之一，如地面覆草、薄膜覆盖、果实套袋等。

(五)化学防治

对病原生物有直接或间接毒害作用的化学物质统称杀菌剂。使用杀菌剂杀死或抑制病原生物，对未发病的果树保护或对已发病果树治疗，防止或减轻病害造成损失的方法称为化学防治。

1. 化学防治的原理

(1)保护作用　在病原物侵入寄主以前，使用化学药剂杀死或阻止病原生物侵入，从而起到防治病害的作用。施在植物表面、保护其不受侵染的药剂叫做保护剂。保护剂不能进入植物体内，对已经侵入的病原物无效。因此，保护剂应在病原物侵入之前使用，撒布时要均匀。

在核桃树休眠期，使用药剂杀死或抑制在果树上及周围环境中潜藏的病原物，消除侵染源，也是一种保护作用，为此而使用的药剂称为铲除剂。铲除剂杀菌力强，但易造成药害，因此要在休眠期使用，或施在果树的周围环境中，不能与果树直接接触。

(2)治疗作用　当病原物已经侵入植物或植物已经发病时，使用化学药剂处理植物，使体内的病原物被杀死或受到抑制，或改变病原物的致病过程，或增强寄主的抗病能力，称为化学治疗作用。用作化学治疗的药剂，一般具有内吸性，而且可在植物体内传导，称为内吸治疗剂。

(3)免疫作用　植物化学免疫是将化学药剂引入健康植物体内，以增强植株对病原物的抵抗力，从而起到限制或消除病原物侵染的作用。如用乙硫氨酸或较高浓度的植物生长素处理植物，能促使细胞壁的组分与钙桥牢固交联，使细胞壁的中胶层不易分解，可减轻各种腐烂病的症状。

(4)钝化作用　某些化学物质，如金属盐、氨基酸、维生素、植物生长素、抗菌剂等进入植物体内后，能影响病毒的生理活性，起到钝化病毒的作用。从而达到降低病害发生程度的效果。有时钝化作用也可通过药剂对寄主植物细胞的生理起作用。

2. 化学防治的方法

(1)喷雾　可湿性粉剂、乳剂、水溶剂等农药，都可加水稀释到一定浓度，用喷雾器械喷洒。加水稀释时要求药剂均匀地分散在水内。喷雾时要求均匀周到，使植物表面充分湿润。雾滴直径应在 200 左右，雾滴过大不但附着力差，容易流失，而且分布不均，覆盖面积小。

喷雾法的优点是施药量比喷粉法少，药效持久，防治效果较好。但工作效率比喷粉法低，并且需要一定的水源，在干旱缺水的地区应用较困难。

(2)喷粉　喷粉是粉剂农药的使用方法，一般用喷粉器喷洒。要求均匀周到，以手指按摸叶片，手指上能附着些微药粉为宜。喷粉法效率较高，不需要水源，但用药量大，药效较差，现在已很少使用。

(3)种苗处理　用药剂处理种子、果实、苗木、接穗、插条及其他繁殖材料，统称种苗的药剂处理。许多果树病害可以通过带病的繁殖材料传播。因此，繁殖材料使用前用药剂集中处理，是防治此类病害有效的方法。防治对象的特点不同，用药的浓度、种类、处理时间和方法也不同。例如，表面带菌的可用表面杀菌剂；病毒潜藏在表皮下或芽鳞内的，要用渗透性较强的铲除剂；潜藏更深的要用内吸性杀菌剂。在核桃病害的防治上，种苗处理的方法主要是药剂浸泡，可提高药剂的渗透力，减少用药量和处理时间，一般用于果实贮藏病害及种苗病害的防治。

(4)土壤处理　药剂处理土壤的作用，主要是杀死或抑制土壤中的病原物，在核桃生产上，土壤处理一般用于土壤传播的病害，例如核桃苗木立枯病、白绢病等病害的防治。土壤施药的方法，由表面撒施、药液浇灌、使用毒土、土壤注射等。前者主要用于杀灭在土壤表面或浅层存活的病原物；后 3 种主要用于在土壤中广泛并能长期存活的病原物。在较大面积上施用药剂成本较高，难以推广。因此，土壤药剂处理目前主要应用于苗床、树穴、根围的土壤。

药剂处理土壤，可以引起土壤物理化学性质和土壤微生物群落的变化。在进行药剂处理前，要详细分析，以免带来不良后果。

除上述方法外，杀菌剂还有其他一些使用方法。例如用药液浸洗果实；用浸过药的纸张包裹果实；用浸过药的物品作为果品运输过程中的填充物等；用药剂保护伤口，涂刷枝干防治某些枝干病害；果树涂白，防止冻害等。此外，用注射法和包扎法施药，是防治系统侵染性病害的重要施药方法。

3. 合理使用药剂 合理使用药剂是病害防治的关键问题之一，有效、经济、安全是病害防治的基本要求，也是合理使用药剂的准则。

(1)多种防治措施配合使用 在核桃病害的防治中，化学防治是重要的、有效的，但不是万能的。只有将化学防治和其他防治措施密切配合，才能更好地发挥化学防治的效果。如结合农业防治中的管理措施，可事半功倍。

(2)提高药剂使用水平 化学防治的技术直接影响防治效果。在用药技术上，必须注意：一要根据防治对象，选择对其最有效的药剂；二要根据药剂的性能和病害发生发展的规律，掌握适宜的用药时期和次数；三要根据植物和病原对药剂的反应，选择适宜的用药浓度；四要把好喷药技术这一关，提高用药的质量。

(3)药剂混用和连用 在果园中往往需要使用多种化学药剂，在这些化学制剂之间，有互相协同的，也有互相干扰的，要根据喷药的目的、药剂性能、植物及病虫对药剂的反应等，避免药剂的混用及连用。以不降低药效，不发生药害，减少喷药次数，降低成本为准。

4. 杀虫剂的种类 杀虫剂的种类很多,对害虫的作用各不相同,按其作用方式可分为以下几类。

(1)胃毒剂 通过害虫的消化系统进入虫体,使其中毒死亡的药剂,主要用来防治以咀嚼式口器咬食、啃食、蛀食的害虫。

(2)触杀剂 通过接触害虫表皮或渗入虫体,使其中毒死亡的药剂,如溴氰菊酯等。

(3)内吸剂 通过植物的叶、茎、根部吸收进入植物体内,在植物体内输导、散布、存留,或产生代谢物,在害虫取食植物组织或汁液时,使其中毒死亡的药剂,主要用来防治刺吸式口器害虫。

(4)熏蒸剂 以气体状态通过害虫呼吸系统进入虫体内,使其中毒死亡的药剂,主要用来消灭苗木害虫和贮木场害虫,以及仓库种子害虫,如硫酰氟等。

(5)诱致剂 本身基本没有毒杀害虫的作用,但能引诱害虫前来,以便集中消灭的药剂,如昆虫性引诱剂、糖醋液等。

(6)拒食剂 害虫取食后能破坏其正常生理功能,消除食欲,以致饥饿死亡的药剂,如拒食胺等。

(7)不育剂 害虫经过取食或接触一定剂量后,可以使害虫所产的卵不能孵化的药剂,如喜树碱等对家蝇有显著的不育效应。

(8)昆虫生长调节剂 通过扰乱昆虫正常生长发育,使其生活能力降低或死亡的药剂,如昆虫几丁质合成抑制剂除虫脲等。

二、核桃主要害虫的防治

(一)防治核桃云斑天牛

捕杀成虫;利用成虫的趋光性,于6～7月份的傍晚,持灯到树下捕杀成虫。人工杀卵和幼虫;在产卵期,寻找产卵伤口或流黑水的地方，用刀将被害处切开，杀死卵和幼虫，发现排粪孔后，用铁丝将虫粪除净，然后塞毒签或药棉球，并用泥土封好虫孔以毒杀幼虫。

（二）防治刺蛾类害虫

摘除树上的刺蛾茧，深翻树盘挖刺蛾茧。用黑光灯诱杀成虫。当初孵幼虫群聚未散时，摘除虫叶集中消灭。在成虫产卵后和幼虫期喷 90%敌百虫晶体 800 倍液或 50%敌敌畏乳油 800 倍液。

（三）防治核桃瘤蛾

刮树皮、土壤深翻，消灭越冬蛹茧。在树干上绑草诱杀幼虫。幼虫发生期（6 月下旬至 7 月上旬）喷 50%辛硫磷乳油 1 500 倍液或 2.5%敌杀死乳油 5 000 倍液。

（四）防治核桃举肢蛾

冻前翻耕园地，清除树下落叶和杂草消灭越冬幼虫。成虫羽化前（6 月上旬），用 23%的对硫磷胶囊剂，或 40%辛硫磷，每 667 平方米土地 0.5 千克加水 150 升喷洒树盘。幼虫脱果前，及时收埋落果，提前采收被害果，减少下一年虫口密度。6 月上旬至 7 月下旬幼虫蛀果期，每隔 10 天左右喷 1 次 25%西维因 600 可湿性粉剂倍液。

（五）防治核桃小吉丁虫

秋季采收后，剪除全部受害枝，集中烧毁，以降低翌年虫源。剪枝时要多剪一段健康枝以防遗漏幼虫。在成虫羽化产卵期，及时设立一些诱饵，诱集成虫产卵，并及时烧掉。

核桃小吉丁虫有 2 种寄生蜂，自然寄生率为 16%～56%，释放寄生蜂可有效降低越冬虫口数量。成虫羽化出洞前用药剂封闭树干。从5月下旬开始每隔15天用90%晶体敌百虫600倍液或48%乐斯本乳油800～1 000倍液喷洒主干。在成虫发生期，结合防治举肢蛾等害虫，在树上喷洒80%敌敌畏乳油或90%晶体敌百虫800～1 000倍液，或25%西维因可湿性粉剂600倍液。

（六）防治核桃扁叶甲

冬春季刮除树干基部老翘皮烧毁，去除越冬成虫。4～5月份成虫上树时，用黑光灯诱杀。于4～6月份，喷10%氯氰菊酯乳油8 000倍液防治成虫和幼虫，防治效果良好。

（七）防治木僚尺蠖

于5～8月份成虫羽化期，用黑光灯诱杀或堆火诱杀。早秋或早春，结合整地、修台堰等，在树盘内人工挖蛹。幼虫孵化盛期，在树下可喷洒25%西维因可湿性粉剂600倍液，或2.5%敌杀死乳油5 000倍液或50%杀螟松乳油800倍液。

（八）防治草履蚧

在若虫未上树前于3月初树干基部刮除老皮，涂宽约15厘米的黏虫胶带，粘胶一般配法为废机油和石油沥青各1份，加热熔化后搅匀即成；如在胶带上再包一层塑料布，下端呈喇叭状，防治效果更好。

若虫上树前，用6%的柴油乳剂喷洒根颈部周围土壤。采果至土壤结冻前或翌年早春进行树下耕翻，可将草履蚧消灭在出土前，耕翻深度约15厘米，范围稍大于树冠投影面积。结合耕翻可在树冠下地面上撒施5%辛硫磷粉剂，每667平方米用2千克，后翻耙使药土混合均匀。若虫上树初期，在核桃发芽后喷80%敌敌畏乳油1 000倍液或48%乐斯本乳油1 000倍液防治。

草履蚧的天敌主要是黑缘红瓢虫，喷药时避免喷菊酯类和有机磷类等广谱性农药，喷洒时间不要在瓢虫孵化盛期和幼虫时期。

(九)防治核桃缀叶螟

于土壤封冻前或解冻后，在受害根颈处挖虫茧，消灭越冬幼虫。7～8月份幼虫为害盛期，及时剪除受害枝叶，消灭幼虫。7月中下旬，选用灭幼脲3号2 000倍液，或杀螟杆菌(50亿/克)80倍液或50%杀螟松乳油1 000～2 000倍液，或用25%西维因可湿性粉剂500倍液喷树冠，防治幼虫效果很好。

(十)防治铜绿金龟子

1. 诱杀 因其具有强烈的趋光性，成虫大量发生期，可用黑光灯诱杀；方法是：取一个大水盆(口径52厘米最好)，盆中央放4块砖，砖上铺一层塑料布，将灯源放到砖上，并固定在盆上端10厘米处，防止金龟子从水中爬出，在水中加少许农药，或将糖、醋、白酒、水按1∶3∶2∶20的比例配成液体，加入少许农药制成糖醋液，装入罐头瓶中(液面达瓶的2/3为宜)，挂在核桃园进行诱杀。

2. 驱避 自然界中许多动物都有忌食同类尸体并厌避其腐尸气味的现象，利用这一特点驱避金龟子。方法是：将人工捕捉或灯光诱杀的金龟子捣碎后装入厚塑料袋中密封，置于日光灯下或高温处使其腐败，一般经过2～3天塑料袋鼓起且有臭鸡蛋气味散出时，把腐败的碎尸倒入水中，用双层布过滤2次，用浸出液按1∶150～200的比例喷雾。此法对于幼树、苗圃效果特别好，喷后被害率低于10%。

3. 药剂防治 发生严重时，可喷施2.5%敌百虫粉剂或75%辛硫磷乳剂1 500倍液，防治效果均在90%以上。

4. 保护利用天敌 铜绿金龟子的天敌有益鸟、刺猬、青蛙、寄生蝇、病原微生物等。

三、核桃主要病害的防治

（一）防治核桃炭疽病

选育并栽植丰产、优质、抗病的新品种。加强栽培管理，合理施肥，保持树体健壮生长。提高树体抗病能力，改善园内通风透光条件，有利于控制病害。清除病枝、落叶，集中烧毁，减少初次侵染源。

发芽前喷3～5波美度石硫合剂，开花后喷1∶1∶200倍波尔多液或50％多菌灵可湿性粉剂600～800倍液，以后每隔半月或20天左右喷1次，效果良好。

（二）防治核桃细菌性黑斑病

加强田间管理，保持园内通风透光，砍去近地枝条，减轻潮湿和互相感病。选育抗病抗虫品种，并注意选育避病性品种。结合修剪，除去病枝和病果，减少初侵染源。

发芽前喷3～5波美度石硫合剂，生长期喷1～3次1∶0.5∶200的波尔多液；或喷50％甲基托布津可湿性粉剂800倍液；喷0.4％草酸铜效果也较好，且不易发生药害。还可用0.003％浓度的农用链霉素加2％的硫酸铜，多次喷雾（半月1次），也可取得良好的效果。

（三）防治核桃溃疡病

树干涂白，防止日灼和冻害。涂白剂配制为：生石灰5千克，食盐2千克，油0.1千克，水20升。春天刮除病斑，涂2波美度石硫合剂。加强田间管理，搞好保水工程，增强树势，提高树体抗病能力。

(四)防治核桃枝枯病

剪除病枝、死株,集中烧毁,以减少初侵染源,防止蔓延。适时适树,林粮间作;加强肥水管理,增强树势,提高抗病力。

(五)防治核桃腐烂病

加强栽培管理,对于土壤结构不良、土壤瘠薄、盐碱重的果园,应先改良土壤并增施有机肥料。合理修剪,增强树势,提高抗病力。适当修剪,秋季落叶前对树冠郁闭的疏除部分大枝,打开天窗,生长期间疏除下垂枝、老弱枝,以恢复树势,并对剪锯口用1%的硫酸铜消毒。适期采收,尽量避免用棍棒击伤树皮。一般在春季刮除病斑,也可在生长期发现病斑随时进行刮治,刮治的范围可控制到比变色组织大出1厘米;树皮没有烂透的部位,只需将上层病皮刮除;病变达木质部的要刮到木质部。刮后用20%农抗120水剂30倍液涂抹2次,消毒杀菌,或用4～6波美度的石硫合剂。也可直接在病斑上抹3～4厘米厚的细泥,超出病斑边缘3～4厘米,可用塑料纸裹紧即可。刮下的病皮集中销毁。

冬季日照较长的地区,冬前先刮净病斑,然后涂刷白涂剂(配方为水∶生石灰∶食盐∶硫黄粉∶动物油＝100∶30∶2∶1∶1),以降低树皮温差,减少冻害和日灼。开春发芽前,6～7月份和9月份,在主干和主枝的中下部喷2～3波美度石硫合剂。

(六)防治核桃白粉病

提高抗病力,合理施肥与浇水,加强树体管理,增强树体抗病力。消除病原,及时消灭病叶,以减少初侵染源。发病初期用0.2～0.3波美度的石硫合剂,或70%甲基托布津可湿性粉剂800～1 000倍液,2%农抗120水剂200倍液,或25%粉锈宁可湿性粉剂500～800倍液,防治效果好。

(七)防治核桃褐斑病

清除病原,清除病叶、病梢,深埋或烧毁。6 月上中旬或 7 月上旬,各喷 1 次 1∶2∶200 的波尔多液或 50%的甲基托布津 800 倍液,效果良好。

(八)防治苗木菌核性根腐病

选好圃地,避免病圃连作,选排水好、地下水位低的地方为圃地,在多雨区采用高床育苗。晾土或客沙换土,换土可每年 1 次,一般 1～2 次可见效。播前用 50%多菌灵粉剂按 0.3%比例拌种,对酸性土适当加入石灰或草木灰,以中和酸度,可减少发病。此外,用 1%硫酸铜溶液或 50%甲基托布津可湿性粉剂 500～1 000 倍液浇灌病树根部,再用消石灰撒入苗颈基部及根部土壤,或用代森铵水剂 1 000 倍液浇灌根部土壤,对病害均有一定的抑制作用。

四、主要自然灾害的防御

(一)防止冻害的主要措施

1. 选育抗寒品种　这是防冻最根本而有效的途径,选择适宜当地环境条件的品种,发挥品种特性。

2. 因地制宜适地适栽　选择当地主要发展树种品种,主栽种类应能保证年年有较高的产量。在气候条件较差易受冻害的地区,可采取利用良好的小气候,适当集中的方法。新引进的种类必须先试栽,在产量和品质达到基本要求的前提下,才能加以推广。

3. 抗寒栽培　利用抗寒的栽培方式,可以直接或间接提高抗寒力。加强年周期的综合管理技术对提高抗寒力有重要作用。因此,应保证前一年顺利越冬,春季加强氮素和水分的供应,使枝条生长健壮，秋季应及时控制氮肥和水分，增施磷肥，并可采取夏季修剪，以使新梢及时停止生长。结果树应通过修剪、疏花疏果等措施调节每年的结果量。

4. 加强树体越冬保护　除上述措施外，必要时可采用越冬保护的方法。例如，定植后 3～4 年内整株培土，大树主干培土、包草、涂白等都有一定的效果，可根据具体情况选用。

（二）防止霜冻的主要措施

1. 延迟发芽，减轻霜冻程度

（1）春季浇水喷水　春季多次浇水喷水能降低土温，延迟发芽。萌芽后至开花前浇水 2～3 次，一般可延迟开花 2～3 天。连续定时喷水可延迟 7～10 天开花。

（2）利用腋花芽结果　腋花芽由于分化较晚，春季较顶花芽萌发与开花都晚。早实核桃腋花芽率高，应尽量加以利用。

（3）涂白　春季对主干和主枝涂白可以减少对太阳热能的吸收，延迟发芽和开花，据试验表明可延迟 3～5 天。试验表明，早春用 7%～10%石灰液喷布树冠，可使一般树花期延迟 3～5 天，在春季温变剧烈的大陆性气候地区，效果尤为显著。

2. 改善果园霜冻时的小气候

（1）加热法　加热防霜是现代防霜较先进而有效的方法。在果园内每隔一定距离放置 1 个加热器，在霜将来临时点火加温，下层空气变暖而上升，而上层原来温度较高的空气下降，在果园周围形成一个暖气层。加热法适用于大果园。

（2）吹风法　辐射霜冻是在空气静止情况下发生的，如利用大型吹风机增强空气流通，也可以起到防霜效果。

（3）熏烟法　在最低温度不低于－2℃的情况下，可在果园内熏烟。熏烟能减少土壤热量的辐射散发，同时烟粒吸收湿气，使水汽凝成液体而放出热量，提高气温。常用的熏烟方法是用易燃的干草、刨花、秫秸等与潮湿落叶、草根、锯屑等分层交互堆起，外面覆一层土，中间插上木棒，以利于点火和出烟。发烟堆应分布在果园四周和内部，风的上方烟堆应密些，以便迅速使烟布满全园。烟堆大小一般不高于 1 米。当地气象预报有霜冻危险的夜晚，在温度降至 5℃时即可点火发烟。

烟雾剂配方为：硝酸铵 20%、锯末 70%、废柴油 10%。将硝酸铵研碎，锯末烘干过筛，锯末越碎，发烟越浓，持续时间越长。平时将原料分开放，在霜来临时，按比例混合，放入铁筒或纸壳筒。根据风向放置药剂，待降霜前点燃，可提高田间气温 1℃～1.5℃，烟幕可维持 1 小时左右。

(4)人工降雨、喷水或根外追肥　于霜来临时，利用人工降雨设备或喷雾设备向果树体上喷水，水遇冷凝结时可以放出潜热，并可增加湿度，减轻冻害。根外追肥能增加细胞浓度，效果更好。

(5)加强管理　加强栽培管理增强树势，可以提高抗霜能力。霜冻如已造成灾害，更应采取积极措施，争取产量和树势的恢复。对晚开放的花应人工授粉，提高坐果率，以保证当年有一定的产量。幼嫩枝叶受冻后，仍会有新枝和新叶长出，应促进其健壮生长，恢复树势。

(三)防止抽条的主要措施

运用综合技术措施，促使枝条充实，增强越冬性。重点是促进枝条前期生长正常，后期及时停止生长。应严格控制秋季水分，自营养生长后期开始(8 月上旬左右)，应采取降低土壤含水量的措施。后期不施氮肥，而增施磷、钾肥。秋季连续多次摘心是控制枝条后期生长、充实枝条简单易行的办法。同时要注意防治病虫害，严防大青叶蝉在枝梢上产卵，避免机械损伤等。也可创造良好的小气候，减轻冻旱影响。营造防护林带可明显减轻越冬抽条。对 1～3 年生幼树，卧倒埋土是最简单而又安全的保护办法。但不当的保护措施反而会造成不良的后果，如树干培土及树冠扎草都加剧了植株水分得失的矛盾，从而导致抽条严重。

（四）防止日烧的主要措施

1. 涂白保护 树干涂白可以反射阳光，缓和树皮温度的剧变，我国北方普遍采用，对减轻日烧和冻害有明显的作用。通常多在冬季进行，有的地区夏季也涂白。

2. 加强综合管理 防止枝干日烧，应降低干高，多留辅养枝，避免枝干光秃裸露。防止果实日烧时，应尽量使其在树冠内部结果。加强综合管理，保证树体正常生长结果，生长季特别应防止干旱，避免各种原因造成叶片损伤。越冬前在干旱地区要浇冻水。

五、常用农药的安全使用方法

合理使用农药，目的是做到经济、安全、有效。因此，我们必须了解病虫害抗药性的产生及克服的方法，要做到化学防治和生物防治紧密结合，尽量减少对害虫天敌及周围生物的影响；还要做到减少环境污染，防止发生公害，同时还要防止对作物产生药害。此外，还要研究农药的混合使用，以提高药效，了解害虫的生物学特性及发生规律，也是做到合理使用农药的一个重要因素。

（一）对症施药

不同种的病虫对同一种药剂毒力的反应是不同的。也就是说，各种农药性能不同，每种都有它一定的防治范围和对象。应针对不同防治对象选用合适的药剂防治，才能收到应有的防治效果。

（二）适时施药

适时施药是提高药效的一个关键问题。要做到适时施药，必须了解病虫害的发生规律。同一种害虫，幼虫龄期不同，耐药性可相差几百倍。适时施药要考虑充分发挥药剂的效力，一般药效与田间气温有关，常用农药的药效随田间温度的升高而提高。但亦有少数药剂在低温时药效反而增大。

(三)合理混用农药

把两种或两种以上的农药混合使用，可以防治同时发生的害虫、病害或兼治杂草。有时可以克服和防治抗药性害虫，并能节省人力物力。但是农药的混合使用，必须根据农药的理化性、毒理、防治对象及混合后可能产生的化学变化、对作物的影响等方面综合考虑。农药混用不适当，会降低效果或造成药害。混合时应注意下列几个问题。

第一，遇到碱性物质分解失效的农药，不能与碱性物质混用。

第二，混合后产生化学反应引起植物药害的农药，不能相互混用。这种情况在无机药剂中是比较常见的。例如，波尔多液与石灰硫黄合剂混合后，即起化学反应，产生黑褐色的硫化铜，而这种硫化铜又能继续溶解，产生过量的可溶性铜，使植物很容易发生药害。所以，这两种农药绝对不能混用，并且在喷洒过波尔多液的植物上，一般要隔 20～30 天，才能再施用石硫合剂。

第三，混合后出现浑浊，或混合后产生絮结或大量沉淀的农药剂型，不能相互混用；乳油与其他农药或肥料混合后，如果出现乳化剂的作用被破坏，则会降低药效，同时也容易引起植物药害。各种可湿性粉剂与其他药剂或肥料混合后，如果产生絮结和大量沉淀现象，也会减低药效，由于润湿剂的作用被破坏，可能引起植物药害，不可混用。

(四)对害虫天敌安全

在农业害虫防治中，化学防治与生物防治往往是互相矛盾的。

这主要是由于一些农药对害虫天敌起严重的杀伤作用，破坏了原来的生态系统，可引起害虫的再猖獗。为避免化学防治对生物群落，特别是对害虫天敌产生不良的影响，必须把化学防治与生物防治作适当的配合，这称为协调防治。

协调防治的主要途径，一是选择药剂的适当浓度和药量、适当的剂型、适当的施药方法及适当的施药时间。一些药剂高浓度会把天敌杀死，而低浓度则无妨碍。另一途径是选用有选择性的农药，即对害虫有毒而对益虫无碍的药剂。

（五）用药量适当

农药使用不当，不仅不能发挥药效，反而对作物造成不同程度的药害。因此，必须了解主要作物对施用农药的耐药度，分析作物对农药的反应，才能合理用药，避免作物发生药害。造成植物药害的原因主要有：一是不同植物，甚至不同品种，对农药的耐药力有很大差异，树势强者药害轻，弱者药害重；二是不恰当的施药量，用药浓度过高，常使作物产生药害；三是农作物的不同发育阶段对农药有不同反应，一般而言，幼苗期、嫩梢、嫩叶以及开花期易产生药害；四是气候条件，影响药害的主要气候因素有温度、湿度、降水量、露水、雾、风和光照等，其中以气温与光照最为明显。

（六）防止农药中毒

在使用农药时，一定要注意农药中毒和残留情况。

要严格遵守农药在作物上不超过允许残留量。要贯彻“预防为主，综合防治”的植保工作方针，不要单纯依靠化学农药，必须贯彻以农业防治为基础，在防治核桃病虫害时应抓紧冬季及早春防治。在开花结果期中发生病虫害时，则应合理使用农药，特别是要制定农药的安全使用间隔期。安全间隔期的长短与药剂种类、施药浓度、施药次数、施药方法、作物种类、地区条件和季节等因素有关。

(七)农药交替使用

长期使用一种化学农药,最终必将使病虫害产生抗药性。同时一种农药常用高浓度处理,抗性形成比较快,低浓度则比较慢。一种害虫对不同种类的药剂所产生抗性有很大差异。一种病虫害抵抗一种药剂,往往对同一类型的其他药剂亦有抗性。连续单用某种药剂或使用交互抗性的药剂可以引起抗性。因此,在使用农药上必须考虑交替及混合使用。油制剂及植物性杀虫剂不易产生抗性,可将石油制剂与化学农药混用或交替使用。

思考题

1. 农业防治病虫害有哪些方法?
2. 什么是生物的拮抗作用?
3. 化学防治病虫害有哪些原理?
4. 如何防治核桃害虫?
5. 如何预防和防治核桃病害?

第十章　果实采收及贮运

一、果实成熟的特征及成熟期的生理变化

(一)果实成熟的性状特征

核桃果实成熟期因品种和气候条件不同而不同。早熟与晚熟品种(类型)间,成熟期可相差10～25天。北方产区所栽培的品种成熟期多在9月上旬至9月中旬;早熟品种(类型)最早在8月上旬即已成熟。同一品种在不同地区的成熟期并不相同。在同一地区内,平原区较山区成熟早,阳坡较阴坡成熟早,干旱年份较多雨年份成熟早。

核桃需要达到完全成熟方可采收。采收过早青果皮不易剥离,种仁不饱满,出仁率与含油率低,且不耐贮藏;过迟则造成落果,果实落在地上未及时捡拾,容易引起霉烂。因此,适时采收非常重要。一般情况下,核桃果实成熟时总苞(果皮)颜色由深绿色或绿色渐变为黄绿或淡黄色,茸毛稀少,部分果实顶部出现裂缝,青果皮容易剥离,种仁肥厚,幼胚成熟,风味香。

(二)果实成熟期内含物的变化

核桃从雌花授粉、子房膨大到果实成熟约需130天时间,其中最初的30～35天是果实体积迅速增大期,此期间果实体积达到总体积的90%以上。经过110天左右即进入果实成熟前期,熟前果实大小无大的变化,但其重量仍在继续增加,直到成熟。张宏圃潮等(1980)通过对不同采收期与核桃产量和品质影响的研究得出:

果实成熟前，随着采收时间推迟，出仁率和脂肪含量均呈递增变化。从8月中旬至9月中旬1个月内，出仁率平均每天增加1.8%，脂肪增加0.97%；成熟前15天内，出仁率平均每天增加1.45%，脂肪增加1.05%；成熟前5天内，出仁率平均每天增加1.14%，脂肪增加1.63%。出仁率在前期比后期增加快，脂肪则相反。8月中下旬出仁率增加最快，8月15日至8月25日10天内，平均每天增加2.13%。

二、果实采收

（一）采收期确定

1.果实成熟期　核桃为核果类，其可食部分为核仁，其成熟包括青果皮及核仁两个部分的成熟过程。青果皮成熟时，由深绿色或绿色变为黄绿色或淡黄色，茸毛稀少，果实顶部出现裂缝，与核壳分离，为青皮的成熟特征。内隔膜由浅黄色转为棕色，为核仁的成熟特征。

核桃果实成熟期因品种和气候不同而异，早熟品种与晚熟品种间，成熟期可相差半月以上。气候及土壤水分状况对核桃成熟期影响也很大。在初秋气候温和，夜间冷凉而土壤湿润时，青果皮与核仁的成熟期趋向一致；而当气温高，土壤干旱时，核仁成熟早而青果皮成熟则推迟，最多可相差几周。一般而言，北方地区的成熟期在9月上旬至中旬，南方相对早些。同一地区内的成熟期也不同，平原较山区成熟早，低山区比高山区成熟早，阳坡较阴坡成熟早，干旱年份比阴雨年份成熟早。

2.采收期对产量及品质的影响　提前10天以上采收时，坚果和核仁的产量分别降低12%及34%以上，脂肪含量降低10%以上。过晚采收，深色核仁比例增加，核仁易遭霉菌的侵害，使品质降低。

3. 采收适期　核仁成熟期为采收适期。一般认为80%的坚果果柄处已经形成离层，且其中部分果实顶部出现裂缝，青果皮容易剥离时期为适宜采收期。

（二）采收方法

目前，我国采收核桃的方法是人工采收法。人工采收法是在核桃成熟时，用带弹性的长木杆或竹竿敲击果实。敲打时应该自上而下，从内向外顺枝进行。如由外向内敲打，容易损失枝芽，影响翌年产量。也可在采收前半月喷1～2次浓度为0.05%的乙烯利溶液，可有效促使青果皮成熟，大大节省采果及脱青皮的劳动力，也提高了坚果品质。喷洒乙烯利必须使药液遍布全树冠，接触到所有的果实，才能取得良好的效果。使用乙烯利会引起轻度叶子变黄或少量落叶，仍属正常反应。但树势衰弱时会发生大量落叶，不宜使用。

（三）果实采后处理

1. 脱青皮　人工打落采收的核桃，70%以上的坚果带青果皮，故一旦开始采收，必须随采收随脱青皮和干燥，保证坚果品质。由于青皮具有绝热和防止水分散失的性能，使坚果热量积累，当气温在37℃以上时，核仁很易达到40℃以上而受高温危害，在炎日下采收时，更须加快捡拾并脱皮。

（1）*堆沤脱皮法*　收回的青果应随即在阴凉处脱去青皮，青皮未离皮时，可在阴凉处堆放，切忌在阳光下暴晒，然后按50厘米左右的厚度堆成堆。若在果堆上加一层10厘米厚的干草或干树叶，可提高堆内温度，促进果实后熟，加快脱皮速度。一般堆沤7天左右，当青果皮离壳或开裂达到50%以上时，可用棍敲击脱皮。切勿使青皮变黑甚至腐烂。

(2)乙烯利脱皮法　果实采收后，在浓度为0.3%～0.5%乙烯利溶液中浸泡约30秒，再按50厘米左右的厚度堆在阴凉处或室内，在温度为30℃、空气相对湿度80%～90%的条件下，经5天左右，离皮率达95%以上。若果上加盖一层厚10厘米左右的干草，2天左右即可离皮。此法不仅时间短、工效高，而且还能显著提高果品质量。注意在应用乙烯利催熟过程中，忌用塑料薄膜之类不透气材料覆盖，也不能装入密闭的容器中。

2. 坚果漂洗　坚果脱去青皮后，随即洗去坚果表面上残留的烂皮、泥土及其他污染物，带壳销售时，可用漂白粉液漂白。常用的漂白方法如下。

(1)漂白液的配制　1千克漂白粉溶解在约64升温水内，充分溶解后，滤去沉渣，得饱和液，饱和液可以1∶10的比例用清水稀释后用作漂白液。

(2)漂白方法　将刚脱青皮的核桃先用水清洗一遍后，倒入漂白液内，随时搅动，浸泡8～10分钟，待壳显黄白色时，捞出用清水洗净漂白液，再干燥。漂白容器以瓷制品为好，不可用铁、木制品。

3. 坚果干燥方法

(1)晒干法　北方地区秋季天气晴朗、凉爽，多采用此法。漂洗后的干净坚果，不能立即放在日光下暴晒，应先摊放在竹箔或高粱箔上晾半天左右，待大部分水分蒸发后再摊晒。湿核桃在日光下暴晒会使核壳翘裂，影响坚果品质。晾晒时，坚果摆放厚度以不超过两层果为宜。晾晒过程中要经常翻动，以达到干燥均匀、色泽一致，一般经过10天左右即可晾干。

(2)烘干法　在多雨潮湿地区，可在干燥室内将核桃摊在架子上，然后在屋内用火炉子烘干。干燥室要通风，炉火不宜过旺，室内温度不宜超过40℃。

(3)热风干燥法　用鼓风机将干热风吹入干燥箱内，使箱内堆放的核桃很快干燥。鼓入热风的温度以40℃为宜。温度过高会使核仁内脂肪变质，当时不易发现，贮藏几周后即腐败不能食用。

坚果干燥的指标是：坚果相互碰撞时，声音脆响，砸开检查时，横隔膜极易折断，核仁酥脆。在常温下，相对湿度 60%的坚果平均含水量为 8%，核仁约 4%，便达到干燥标准。

三、贮　藏

(一)核桃贮藏原理及条件

核仁含油脂量高达 63%～74%，而其中 90%以上为不饱和脂肪酸，有 70%左右为亚油酸及亚麻酸，这些不饱和脂肪酸极易氧化酸败，俗称“变蛤”。核桃及核仁种皮的理化性质对抗氧化有重要作用，一是隔离空气，二是内含类抗氧化剂的化合物。但核壳及核仁种皮的保护作用是有限的，而且在抗氧化过程中种皮的单宁物质因氧化而变深，影响外观，但不影响核仁的风味。因此，低温及低氧环境是贮藏好核桃的重要条件。

(二)贮藏方法

贮藏方法因贮藏量与贮藏时间而异。若贮藏数量不大，而时间要求较长，可采用聚乙烯袋包装，在冰箱内 0℃～5℃条件下，贮藏 2 年以上品质仍然良好。如果贮藏时间不超过翌年夏季的，则可用尼龙网袋或布袋装好，室内挂藏。对于数量较大的，可堆放在干燥的地上贮藏。数量较多，贮藏时间较长的，最好用麻袋包装，放于冷库中进行低温贮藏。

北方冬季气温低，空气干燥，秋季入袋的核桃，无须立即密封，待翌年 2 月下旬气温逐渐回升时再密封。密封时应选择低温、干燥的天气进行，使室内空气湿度不高于 50%～60%，以防密封后腐变。采用塑料袋密封黑暗贮藏，可有效降低种皮氧化反应，抑制酸败,在室温 25℃以下可贮藏 1 年。

核桃尽量带壳贮藏,如要贮藏核仁,应用塑料袋密封,避免核仁氧化,再在 1℃左右的冷库内贮藏,保藏期可达 2 年。低温与黑暗环境可有效抑制核仁酸败。

思考题

1. 核桃果实成熟的性状是什么?
2. 核桃坚果有几种干燥方法?
3. 核桃坚果贮藏原理和条件是什么?

优质高档核桃周年管理历

时间	物候期 (生长发育期)	栽培技术要点	备　注
1～2月份	休眠期	1. 冬季修剪。常用树形有主干疏层形和自然开心形，主干疏层形留6～7个主枝，分2～3层。对结果后的大树重点培养结果枝组。枝组间保持0.6～1米距离，盛果期以疏除病虫枝、过密枝、重叠枝、下垂枝为主。结合修剪采集接穗 2. 刮老树皮，兼刮治腐烂病 3. 喷5波美度的石硫合剂，防治核桃黑斑病等多种病虫 4. 早春进行改土、保墒、松土	
3～4月份	萌芽开花期	1. 合理灌水施肥(复合肥为主) 2. 育苗、嫁接、疏雄花 3. 防治病虫害(以核桃举肢蛾、黑斑病、云斑天牛、小小吉丁虫为重点)，枝干害虫可采用人工捕捉、虫眼灌药法(治云斑天牛、吉丁虫) 4. 采用人工辅助授粉、去雄花、疏花疏果等方法提高坐果率	坡地、旱地宜推广“穴贮肥水”、覆膜等保墒增肥技术
5月份	果实膨大期	1. 苗圃管理，高接后管理 2. 防治病虫	
6～8月份	花芽分化及硬核期	1. 嫁接。苗圃地中耕除草、施肥 2. 高接树除萌、绑支架 3. 病虫害防治(黑斑病、举肢蛾为重点) 4. 花芽分化前(6月上中旬)追肥以复合肥为主 5. 叶面喷肥，增加磷、钾肥含量	果实硬核期前(8月份)追肥或喷肥有显著增产作用。

续表

时间	物候期 （生长发育期）	栽培技术要点	备 注
9～10 月份	果实成熟期	1. 果适期采收，采后加工处理 2. 采收后施基肥，大树每株施100～200 千克农家肥，混加复合肥 3. 果园覆盖秸秆类，结合深翻改土 4. 修剪	1. 过早采收是当前较普遍的问题 2. 推广果园覆草技术
11～12 月份	落叶休眠期	1. 清园（清扫落叶、落果并销毁），翻耕 2. 冬灌（封冻前灌水）利于幼树越冬前防寒（涂白、根部培土等） 3. 冬季修剪	

主要参考文献

［1］ 魏玉君，罗秀钧．优质高档核桃生产技术．郑州：中原农民出版社，2003

［2］ 郗荣庭等．中国核桃志：核桃卷．北京：中国林业出版社，1996

［3］ 杨洪强．绿色无公害果品生产全编．北京：中国农业出版社，2003

［4］ 段红喜，张志华．我国核桃生产概况，问题及发展途径：干果研究进展(3)．北京：中国农业科学出版社，2003

甜橙柚柠檬良种引种指导 16.50 元
锦橙优质丰产栽培 6.30 元
脐橙优质丰产技术 14.00 元
脐橙整形修剪图解 4.00 元
美国纽荷尔脐橙优质高产栽培 11.00 元
红江橙优质高效栽培 5.50 元
脐橙树体与花果调控技术 8.00 元
椪柑优质丰产栽培技术 9.00 元
温州蜜柑优质丰产栽培技术 12.50 元
橘柑橙柚施肥技术 7.50 元
柠檬优质丰产栽培 8.00 元
香蕉无公害高效栽培 10.00 元
香蕉优质高产栽培(修订版) 7.50 元
荔枝高产栽培(修订版) 6.00 元
荔枝无公害高效栽培 8.00 元
怎样提高荔枝栽培效益 7.50 元
杧果高产栽培 5.50 元
怎样提高杧果栽培效益 7.00 元
香蕉菠萝芒果椰子施肥技术 6.00 元
香蕉菠萝病虫害诊断与防治原色图谱 8.50 元
香蕉贮运保鲜及深加工技术 4.50 元
菠萝无公害高效栽培 8.00 元
大果甜杨桃栽培技术 4.00 元
仙蜜果栽培与加工 4.50 元
龙眼早结丰产优质栽培 7.50 元
龙眼枇杷梅李优质丰产栽培法 1.70 元
龙眼荔枝施肥技术 5.50 元
龙眼荔枝病虫害诊断与防治原色图谱 14.00 元
怎样提高龙眼栽培效益 7.50 元
杨梅丰产栽培技术 7.00 元
枇杷高产优质栽培技术 6.00 元
枇杷无公害高效栽培 8.00 元
大果无核枇杷生产技术 8.50 元
橄榄栽培技术 3.50 元
油橄榄的栽培与加工利用 7.00 元
大樱桃保护地栽培技术 10.50 元
图说大樱桃温室高效栽培关键技术 7.00 元
樱桃猕猴桃良种引种指导 12.50 元
怎样提高甜樱桃栽培效益 8.50 元
樱桃标准化生产技术 8.50 元
桃杏李樱桃果实贮藏加工技术 8.00 元
无花果栽培技术 4.00 元
无花果保护地栽培 5.00 元
无花果无公害高效栽培 9.50 元
开心果(阿月浑子)优质高效栽培 7.50 元
树莓优良品种与栽培技术 10.00 元
人参果栽培与利用 7.50 元